语言的突破

【美】戴尔·卡耐基／著

张慧／译著

九州出版社
JIUZHOUPRESS

原著序

1933年，我开始一项针对纽约商界人士的培训。开设之初，只有演讲这一门课程。设立此课程，是为了应用实践经验，以帮助他们能在商业谈判中更加清晰、有效地表达己方的观点。

几年前，我们在"卡耐基基金会"的赞助下，做了一个调查研究，并得出一项重要结论，后来，这项结论也得到了"卡耐基技术研究院"的证实。调查资料显示：一个人事业的成功与否，智商的作用占15%，而表达能力占85%，表达能力即对人际关系的处理能力、语言的表达技巧和对他人的说服能力。

日常生活中，没有人是一座孤岛，都免不了与他人交往。在某种意义上，一个人的生活历程等同于他交际活动的总和。25到50美元的周薪，就可以将各种专业人才纳入麾下，人才永远供大于求。而那些有主见、擅长说服他人、能够率领团队走向成功的人才，却是极为稀缺的。"假如能像买糖和咖啡一样轻易买到与人相处的本事，我愿意为此付出最大的代价。"约翰·洛克菲勒如是说。

在正式开始演讲培训课程之前，我调查了人们参与培训的原因以及他们希望通过这项课程学到些什么。我对调查结果感到惊讶，他们中大多数人的需求和愿望都非常相近。他们表示："当被人要求起身说话时，我便会感到不自然，很畏惧，根本无法冷静下来，集中精神想清楚自己想要表达什么。我期待拥有当众发言的自信，能够坦然地表达自己的想法，并且放松下来思考，逻辑清晰地梳理自己的想法，能够在众人面前侃侃而谈，让我的表达既富有哲理，又令人信服。"

我相信自己可以帮助每一个参与培训的学员，获得他们所期望的能力。前提是，他们首先要做到：把自己全心投入到未来的形象设计之中，并努力让其成真。威廉·詹姆士是哈佛大学最具声望的心理学教授，他说："假如你对一项工作足够上心，你准能将它完成。假如你还希望将它出色完成，那么你就能出色完成。假如你想发财，你就能发财。假如你希望自己见识渊博，你就能见识渊博。只有这样，你才能专注于你的目标，而不会为杂事所扰，徒费心力。"

掌握轻松自如当众发言的能力，即使你很少有公开演说的机会，也能从中受益。你此时要做的，是时刻留心自己的目标，当众演说时，保持达观的积极心态。让你的想法付诸于每一个单词、每一个句子。

《语言的突破》一书是我演讲培训的唯一一本教科书。这本书不像其他书那样一气呵成，而是像孩子一样慢慢成长起来的。它有大量的调查研究作为根基，是若干人演讲经验的凝聚。

萧伯纳曾说："假如一个人被强迫去做某事，他永远都不会做好。"学习是种自觉行为。你要想完全掌握书中的方法，就要寻求一切可以练习的机会，将它付诸于行动。如果只是简单接受书中的观点，很快就会忘记它的真正内涵。理论不能成为知识本身，唯有将理论融入实践，它才能成为真正有价值的知识。

目　录

第一篇

成功演讲的基本原则

演讲的基本技巧

1912年发生了一件大事，"泰坦尼克"号游轮意外在北大西洋遇难沉没，也就是在这一年，我创立了卡耐基成人训练班，开始讲授公共演讲课程。到现在为止，已经先后有75万多人学完了这门课程。

记得在首期培训班开班前的示范课上，我为前来参加学习的所有学员都提供了一个机会，让他们当众讲出报名参加这个训练班的原因，以及他们希望通过培训想收获什么。

尽管他们的答案各不相同，但绝大多数人的答案所表达出的核心目标却是惊人地一致："每当我当着众人面讲话时，我都会恐惧、害羞，致使思维混乱、注意力无法集中，演说的内容不能流畅表述，甚至做不到体面地结束讲话。我期待通过学习能重获自信，在今后的每一次讲演中从始至终都能保持镇定，思路顺畅，表述的内容符合逻辑，且有强烈的说服力。"

他们这些期待的话语，你们可能会觉得耳熟能详，甚至他们所表达的就是你们也急于想说的话！那么，你是否也由衷地拥有这样的愿望，即在公众场合谈吐得体，表现出非凡的口才，使自己的演讲产生强烈的震撼力和说服力呢？

我相信你有这种愿望，因为你已经开始翻阅本书，这说明你对怎样成功演讲有所期盼。

我想，如果我们有机会能面对面地谈话，你一定会向我询问这样的问题："卡耐基先生，您认为当我站着面对一大群人时，我会有足够的自信流畅地演说吗？"

我几乎是穷尽毕生的精力都在鼓励人们去战胜恐惧，树立勇气和自信心。如果把来这里学习的学员在课堂上发生的奇迹，以及在此毕业的学员在从业过程中所发生的奇迹写成故事的话，已经能够编写成许多本书了。但我认为，这不是问题的关键所在，如果你能坚持运用我这本书中所提及的原则和建议，那么，我坚信你准能成功并且创造出属于你自己的奇迹。

你是否有过这种令人尴尬的经历：你本来坐在众人当中，这时要求你起身面对听众时，你是不是就不能像坐着面对他们时那样顺利地思考？多数人都有这样的体会，站着面对听众演讲时，身体常常会身不由己地发抖。这种局面令人十分沮丧，然而，这种令人难为情的情形是完全可以改变的。经过培训和练习，在演讲台上你会变得无比坦然和自信。

我现在讲的这本书将会帮你实现这一目标。它不像传统教科书那样教你如何说话，也不是教你分析发音过程及清晰度的生理学课本。它是我对培训人们成功演讲的经验总结。如果你要取得成功，你现在要做的就是通力合作，按照书中所提供的办法，持之以恒地实践它。

为了帮助你尽快地理解本书的主旨，并且尽量将其吸收利用，我为你提供了下面四个阅读"路标"。

激发说话的勇气

能力大小关系不大，因为没有人天生就是演讲家。在历史上，公共演讲曾被视作一种高雅的艺术，对于一个演讲者来说，修辞和表述是否准确十分重要。那个时候，想成为一个为大家所公认的有天赋的公共演说家并不是一件容易的事。如今，公共演讲已经成为常见的大范围的交谈方式，那种利用华丽的辞藻和浑厚的声音来征服公众的做法已变成历史。我们经常在宴会、集会或电视广播里听到震撼人心的讲话，这些讲话内容都是从日常生活中构思而来，它们力求传达这样一种意念：他是在与我们平等交流，而不是居高临下地在试图向我们灌输什么。

无论各类学校的教科书中持什么样的观点，但有一点可以肯定，公共演说课程绝不会成为一门封闭的艺术，也就是说要掌握它用不着长年累月地练习发声并卖力地学习晦涩难懂的修辞学理论。我以一个资深的演讲执教者的身份向你们保证：要掌握公开演讲的艺术其实并不难，在这里我向大家提供一些快速掌握它们的建议和方法。

当年我在纽约基督教青年会大街125号向学员们讲授这一课程时，我同我的第一批学员一样对演讲同样是陌生的。那时，我只是按照自己在密苏里沃伦斯堡大学授课的方法进行教学，但是，我很快发觉这种方法完全不适合现有的学员，要知道我所培训的是商业界人士，并非大学一年级的新生。把韦伯斯特、布克、皮特和康奈尔作为他们学习、效仿的榜样，没有任何意义。我的学员急需的是，有勇气随时可在任何商务会议上做清晰顺畅的报告。

不久后，我放下了传统的教科书，在讲台上干脆就用实例来给学员们做讲解，并同学员们一起训练演讲，直到他们可以进行一个令人称赞的演说。在实践中我发现这种方法不但有效还大受欢迎。因为学员中有很多人，日后又陆续回到我的课堂来学习。

我希望你们有机会一定去我家或是全球各地的卡耐基培训代理机构办公室，去亲眼看看那么多来自各地的感谢信。这些感谢信有来自常常出现在《纽约时报》和《华尔街日报》商业版面上的工业界人士的；有来自各州及国会议员的；有来自大学校长的；也有来自娱乐界明星的。当然，这些信件不只来自在社会上有一定影响力的成功人士，还有很多来自矿工、教师、经理人、工人、协会成员、大学生和职业女性等名不见经传的男女。他们都想增强自信，都希望自己在公众场合上发表的言论能被认可。结果他们的愿望真的如愿以偿了。

讲到这里，我想到了在我众多学员中的一个人。当时，他的事例给我留下了极深的印象。

那位先生名叫根特，是加利福尼亚州的一位公司老板。很多年以前，在刚参加了我的讲座后不多久，他邀请我共进午餐。吃饭时，他对我说："在这之前我一直都尽量避免在各种集会上讲话，但如今我在一所大学里担任理事会主席，我不得不时常主持理事会会议。这样我必须要在会上发言，您觉得像我这样大的年龄还能学会演讲吗！"这种情形其实在很多学员的身上都存在，最后我让他相信了自己。

三年后的一天，我与根特先生再次在"制造业工人俱乐部"偶遇并共进午餐。还是当初的那个餐厅，那张餐桌。当我问他我当初的预见是否准确，提醒他回忆一下3年前我们的谈话时，他兴奋地从兜里拿出一个红皮小笔记本并翻开，我看到上面记录的是一份下个季度他个人的演讲时间安排。接着他十分自豪地向我表述："在公众场合发表演讲的能力，和从演讲之中体验到的愉悦，以及我对这个社会的额外贡献，是我现在感到最开心的事情。"

令我惊讶的远远不止这些，他向我讲述了一件他最引以为傲的事：他所在的教会曾经邀请英国首相前来费城演讲，而这位英国首相是极少来美国的，但这次却意外地接受了邀请，更令人惊讶的是，他担任这位英国首相演讲时的主持人。

很难想象三年前根特先生还在自我怀疑是否有能力在公众场所讲话！

再看一下这个例子：

一天，古特瑞奇公司董事局主席大卫·古特瑞奇先生来到我的办公室。他向我诉苦说："我每次在公司董事局召开的会议上做主题演讲，都会因为羞怯而变得口舌僵硬，一直都这样。身为董事局主席，这让我很难堪，可我又不得不主持会议。多年以来，我和董事局的全体成员处得非常融洽。当我们坐在一起交流的时候谈话进行得十分顺畅，可当我站起来的那一刻，我就仿佛在瞬间变成了另外一个人，每次的发言都不是我想要的结果。我不太相信你有本事改变我，因为我的问题很严重，可以说积重难返。"

我问他："您要是觉得我没有办法帮助您，那您为什么还来找我呢？"

他回答："我有一个会计师，为人特别腼腆，他每天去他办公室，都得经过我的办公室，而一直以来，他都是低着头看着自己的脚尖走过我的办公室的，很怕被我看见而不得不开口说话。最近一个时期他好像变了个人似的，每次不但抬着头走过我的办公室，有时还好像有意到我的办公室前和我打招呼：'早上好，古特瑞奇先生。'那神态洋溢着自信。他的变化让我深感震惊。有一天，我问他：'是什么原因让你变得这样振奋和自信满满啊？'他告诉我，是听了您讲的课。由于我亲眼看见了这个男人奇迹般的转变，所以，我也来了！"

我对古特瑞奇先生说，如果他能坚持定期来听我的讲座并遵照我的建议去做，我保证只需几个星期的时间，就能够让他在董事局会议上站着谈吐自如了。

听后，他对我说："要是真能那样的话，那我将是这个国家里最幸运的人了。"

后来古特瑞奇先生真的报名参加了我的培训课。

几个月之后，在阿瑟特酒店大厅举行一场有3000多人出席的聚会，我特意邀请古特瑞奇参加，想让他用自己的亲身经历告诉人们他从这门课程中得到的收获。但由于之前他已经答应出席另一场演讲，所以没能参加这个聚会，对此，他也深表遗憾。可第二天，他突然打电话跟我说："我已经辞掉了先前的邀请，想来参加您这个聚会，如若不来我会感到不安。我准备去告诉在场的所有听众这门课程教给了我什么，用我自己的改变来鼓舞和当初与我有一样恐惧心理的人！"

这次演讲，我只给他两分钟的时间，可面对着3000多名听众，他情绪激昂地讲了11分钟。

在此，我诚恳地告诉你们，在我的讲座上，发生过很多类似的奇迹。这门课程彻底地改变了那些学员，他们中不少人的改变甚至让他们自己都难以置信，有的人还在日后飞黄腾达。而这种改变的动力，有时只来源于一些关键的谈话。现在，我们再来听听马里奥·劳泽的故事：

若干年前，我曾收到一封来自古巴的电报。电报内容是这样的："你要是不回复我的电报，我将不来纽约参加演讲培训。"落款是"劳泽·加西亚"。这个人是谁呢！我回忆了许久，都没有回忆起来我有这样一个熟人或朋友。

当劳泽·加西亚先生来到纽约找到我时，他对我说："哈瓦那乡村俱乐部正在筹备为创建者庆祝50岁生日的晚会，而我被邀请在晚会上为创建者颁发纪念品，之后还要发表演说。但遗憾的是，尽管我是牧师，但我从来没有在公共场合当众演讲过。如果这次演讲失败的话，我和我夫人的声誉都将受到影响，甚至可能还会降低我事务所的声誉，会让我们在社交场上站不住脚。这让我很害怕。这就是我从遥远的古巴赶来向您求助的原因。还有，我只剩下3周的时间了。"

在之后的3周时间里，我把劳泽·加西亚安插到各个班去演说，每天演讲3至4次。3周后，他回到了古巴，在哈瓦那乡村俱乐部那场重要的聚会上，他的演讲超乎寻常的出色，不但在当地引起轰动，《时代》杂志还将其当成国际新闻进行了报道，说人们通过这次演讲才知道，原来马里奥·劳泽还拥有一副"铁嘴钢牙"。这是真的吗？对，真的是千真万确！这是人们在20世纪战胜惧怕心理的伟大事迹。

坚信自己能成功

每逢有在公共场合演说的机会，根特先生都能激情四溢地充分发挥他学到的演讲技巧。他曾向我描述过他当时的心境，我知道他收获的正是我一直所坚守的某种要素，令我深感安慰的是，我的学员们经过学习已经能将这种要素淋漓尽致地发挥了，正是在这种要素的帮助下他们走向了成功。根特先生听从了我的指导，并信心百倍地付诸实际。我确信他之所以会有这样大的决心，一定是出于内心的信念和渴望，他坚信自己一定能成为一位杰出的演说家。这也正是你们大家目前要做的事情。

首先，你们要集中精力培养自信心和决断力。只有具备了这些素质，你们才能在社交中收获希望和荣誉，也会拥有更好的人际关系、赢得更显要的地位，并最终获得成功。

阿联曾在国家现金注册公司董事局和联合国教科文组织担任主席职务，他写过一篇《口才与商界领袖》的文章刊登在《演讲季刊》上。文中写道："纵观整个商业领域的竞争历史，多数的英才都是由于他们出色的演讲才引人关注而崭露头角的。多年前，有一位年轻人发表过一次堪称完美的演讲。当时，他只是堪萨斯州一家公司的职员，后来他担任了这家公司的销售副总裁。"现在，我听说这位副总裁已是国家现金注册公司的董事局主席。有谁能预料到，一场演说竟然能给他带来革命性的改变呢？

美国思弗公司董事长亨利·布莱斯顿曾经也是我们这里的学员。他说："能与别人进行友好的沟通和合作，将能极大地促进个人的事业发展，这也是我在这里学习的心得体会。"

试想，你只是让自己可以站起来很自信地当众发表演说，与听众一同来分享自己的思想成果，而你所得的回报不只是满足和欣喜！在全国多次进行巡游演说的实践中，我发现没有比用演说来吸引听众而更能让自己有成就感了。一位学员说："演讲刚开始的两分钟，我总是开不了口，可一旦我进入状态后，特别是在要临近结束的时候，要让我停下来真的很难。"

现在请想象一下，你作为一个被邀请的公开演讲者，满怀信心地走上演讲台，你吐出的每一个音节都深深地打动着每个人的心，致使挤满了人的偌大的一个讲堂鸦雀无声；你的听众为你倾倒，始终跟随着你的思路在运转；当你走下演讲台之后，你听到的是雷鸣般的掌声；过后，你随处可听到那些听过你演讲的人对你的交口称赞。请相信我，这种感觉一定好似魔法一般，带给你最大程度的欣喜。

古丁·弗莱是哈佛大学令人尊重的心理学教授。他说过十分经典的六句话。记住这六句话对你们可能会有非常好的帮助，就像掌握了咒语"芝麻开门"一样，所有的宝藏都会被你拥有。古丁·弗莱说："不管做什么事情，如果你都能充满激情，而且对结果也十分在意，那么你必然会如愿以偿。如果你希望自己变得更加优秀，那么，毫无疑问你会优秀起来；如果你希望自己变得富有，那么，你最终会跻身于富人的行列；如果你希望自己成为一个博学多才、令人尊敬的人，那么你必将成一位才华横溢的学者。但是，你此时最需要做的就是脚踏实地、心无旁骛地投身于你的这些目标的实践当中去，而绝不可以摇摆不定。"

同传统的演说技巧相比，掌握成功演说的技巧将会给你带来更多的益处。这项培训能够有效地激发你的自信心。一旦你发觉自己也可以在听众面前滔滔不绝地陈述自己的观点和信念的时候，就会更加自信地与他人单独交流。

参加演说培训的学员，之前多数怯于与人交际，后来在众人面前大方、坦然地演说时，发现并没有惊人的事情发生，才感悟到当初的腼腆和害羞是多么不可理解。接着，当他们学会了能从容面对任何情况之后，他们的家人、朋友、客户或委托人，就都对他们刮目相看。这与根特先生的情况异常相似。

其实，现实中有许多学员都是从周围朋友对自己态度的改变中才觉察到这一点的。客观来说，人们受到的演讲培训对人们的某些性格的影响是很大的，当然这种变化不会马上表现出来，它是一个潜移默化的过程。对这一问题我曾专门咨询过美国医学会前主席、亚特兰大的外科医生大卫·奥曼博士，我问他，如果有针对性地对一些人进行公共演说训练会给其生理和心理上带来什么影响？他笑了笑，然后给我开了个处方，上面写道："药店买不到这种药，仅为自己所有，不要错误地认为自己没有。"

在我的办公桌上常年放着一个和奥曼博士所开药方大致相同的药方，每当我看到这个药方，都觉得受益匪浅。这个处方的内容如下：

学会让自己的想法、意愿被别人理解。面对个人、集体、公众时，不羞于将自己的思想和见解清晰地表达出来。只要你不断地去尝试和努力，最终你会让人印象深刻。

我想，所有人看到这个药方后都会像我一样能够从中得到益处。当你学会与人沟通时，你的信心就会得到增强，同时你的性格也会变得更加随和，而且你身上原有的优秀的一面也会更加突出地表现出来，你的情商和体魄都会得到前所未有的提高。

在现代社会，公共演说是为公众服务的一种公益行为，它对一个人最终会产生什么样的影响，我没有做过研究，我仅仅了解他人的一点经验。但是，我确信公共演说对健康是有益的。个人经验告诉我：当你能够面对几个人或者更多的人发表演说之后，无论来自哪一方面的事情，你都会做得越来越好，越来越有激情，并且会逐渐认识到自己是完全独立且完整的，这种体验是其他任何感觉都无法替代的。

客观说，这些感觉太棒了，至今为止还没有任何一种药物或方法能带给我们这么美妙的体验。

至此，我要说的第二"路标"已经跃然而出，就是你要胸怀宽广，坚信自己能够当众演说成功。牢记威廉·詹姆士的话：只要你十分在意结果，你就一定能获得你所想要的。"

对成功拥有渴望

在一个电视节目中，主持人问我接受训练的最重要的课程是什么，并让我用三句话概括出来。我告诉他："人类的思想是最关键的。只要我洞悉了你的内心活动，我就可以完全地认识你，因为你的思想左右着你的一切。如果我们改变了自己的思想，那么我们自身也就随之改变了。"

现在，既然你已经弄清楚了参加演讲培训的目的就是增强自信心和培养交际能力，那么，剩下的就是你要如何积极努力地为实现这个目的去实践了。为此，你必须自信，然后才能在听众面前努力地展现。要从每一个语言细节、每一个微小的动作开始提高自己的演讲水平。

使自己的演讲感动人，让人感觉眼前一亮是一种挑战，你必须要执着坚持自己的理想。现在让我们来看一个与此有关的故事，它生动地体现了这种执着性：

一个普通职员不借助任何背景，短时间内就平步青云，一路晋升到管理高层，演绎了一段商界传奇。然而，就是这样的一个精英在还是一个大学生时，一站起来回答问题就不知说什么，身体瑟瑟发抖，即使说出话来也不知所云。有一次，老师让同学们做一个5分钟演说。演讲时他面色苍白，气息不匀，一副很狼狈的样子，还没讲到一半就不得不逃离了演讲台。

然而几次让人沮丧且难堪的经历，并没有让他从此一蹶不振，反而促使他发誓要成为一名优秀的演讲家。他努力奋斗，几十年如一日，最终如愿以偿地进入了美国联邦政府，成为一名高级经济顾问，赢得了人们的尊敬。这个青年就是克莱伦斯·兰德尔。他在自己所著的一本颇具哲理性的著作《自由的信念》中写过下面这段话：

> 我在过去演说中获得的奖章，可以铺满从我的左袖口到右袖口。我曾出席制造业协会的午宴，进出于商业协会、旋转俱乐部、基金筹措会、男生校友会以及其他团体。有一次我应邀在密歇根州斯堪纳做一个爱国主义的演说，没想到我的这场演说居然感动了我自己，让我义无反顾地去参加了第一次世界大战。
>
> 我曾经与米奇·尼在慈善捐助款项问题上有过激烈的交锋；同哈佛大学校长詹姆士以及芝加哥大学校长罗伯特·赫臣就教育问题进行过激烈的辩论。我也曾用我并不熟练的法语在一个正式的场合上进行过演说。原因是我采用了让听众更容易接受的方法说他们想听到的东西。一个商界精英会很容易地学会我的这种能力，只要他愿意去学。

我十分赞同兰德尔先生的观点。要想成为一位优秀的演说家，关键是要怀有对成功的强烈愿望。如果这种强烈愿望已经在你的身上根深蒂固，那么，别人是能感受得到的，我几乎可以肯定地说你的交际能力已经有了大幅度的提高。

我有一位学员来自美国中西部地区，是一名建筑工人。在一次演讲前，他精心准备了一夜，第二天他信心十足地说自己将来一定会成为全美建筑业协会的发言人，当时他并不是在说大话而是在为自己的演讲壮胆。他当时唯一的理想就是能周游美国，告诉所有人他在事业上的成功以及所面对的困难。他就是哈·迪德罗，强烈的成功愿望使得他最终事业有成。我为他拥有无比的自信感到自豪。他努力尝试着评述时政，关心地方福利，关注国家政策。他时刻不忘追求自己的理想，每次演讲都认真准备，无论工作多么繁忙，都不曾缺课。他进步的速度甚至连自己都不敢相信，仅仅在两个月的时间里他就成为全班最优秀的学员之一，后来他真的当上了全美建筑业协会主席。

当年恺撒统帅古罗马军队从高卢出发横渡英吉利海峡最后在英格兰登陆，他是用什么办法来提高军队必胜的信念的呢？下面让我们了解一下他的方法和策略：他将军队扎营于多佛港口的悬崖上，将所有用来返航的船只全部烧毁，然后让士兵在200英尺的悬崖上俯瞰汹涌的波涛。这样做的目的就是打消士兵的退却之心，生还的可能就是打垮敌人，夺取胜利。

这便是恺撒大帝精神的精髓所在。这不也是我们应该在心里树立的要取得成功的信念吗？要战胜在众人面前讲话的畏惧心理，我们也要把身后的门关上，不给自己留后路，这样才能使自已更为积极和努力。

争取每一次实践机会

我当初在基督教青年会培训课程的讲义，经过不断的修改早已面目全非，就连我自己都认不出来了。因为每年都要往讲义里补充新的内容，删去过时的内容。但这门课程的一项基本原则是始终不变的，那就是每位学员必须站起来面对同学演说至少一次，而一般人都是两次。为什么要这样做呢？因为一个人如果不下水他就永远也学不会游泳，同样，要想学会演说，就必须把自己置于公共场合不断地去练习。一个人即使博览所有与演说有关的书籍，但不去实践就永远做不到能泰然自若地演说。本书只是教你演说的技法，但要真正地能当着众多的听众去演说，那你就必须付诸实践，才能达到你所期望的效果。

当优秀的演讲家乔治·波拿德·肖被问及怎样做到在公共场合进行出色演说时，他是这样回答的："就像初学滑冰一般，不断地摔跤，直到习以为常。"

肖当初是伦敦城里最害羞的人之一。据他自己讲，他每次都要在泰晤士河岸上徘徊至少20分钟沉静自己，之后才能鼓足勇气去敲门。他坦言："极少有人像我这样为自己的胆怯所烦恼，也更少有人为此烦恼得到了快要疯狂的程度。"

幸运的是他找到了一个既简单又有效的克服自身恐惧心理的方法，并决定将这个短板转变为自身的强项。他加入了一个热衷于辩论的圈子，参加伦敦的公开辩论会，每一次都跟人踊跃辩论。同时，他四处奔走，尽可能多地参与社会活动，最终，他成为英国20世纪上半叶最有自信、最受大众注目的雄辩家之一。

如果你想争取实践的机会，那么你会发现在你的周围时刻都有各种演讲的机会。比如各种社团活动，志愿担当政府部门的发言人，各种民间集会，甚至仅仅是对某个提议发表赞许，为学校的周末班授课。时刻准备着，一有机会，就要毫不迟疑地加入到演说者中去。

你只需留心一下周围的环境，就会发现几乎全部社会的、商业的、政治的业内活动，甚至一些生活琐事都在向你发出邀请。没有什么可恐惧的，大声地说出你的想法！你要检验一下自己究竟有什么理想和信念，那就勇敢地表达出来吧！

曾有一位年轻的执行官对我说："你所提出的理想和信念我都清楚，但我对于枯燥的学习过程总是望而却步。"

"枯燥？"我对他说，"那就忘掉枯燥吧！只要你在心中树立起一种征服的精神，就不会感到枯燥的存在了。"

"什么是征服精神！"他问。

"就是冒险的精神！"我回答道。此外，我还补充说：成功的公开演说还会改变一个人孤僻的性格。

"我现在就尝试接受这一冒险的挑战。"他最后回应我说。

当你正在阅读这本书，并随时将这些提示你的"路标"作为你的行动指南时，也就是你已经接受了这一挑战时，你将能够感受到在这个冒险活动之中，引领你前进的是你的决断力和自信心，它会完全地把你改变成另一个人。

培养演讲的自信

"卡耐基先生！五年前我就来过你开办演说课程的酒店，我原是要报名参加培训班，可是就在我刚要进入会议室的门口时却停住了，因为我听说，不管是谁一旦进入你开办的训练班，就必须要做一次演说。我退缩了，之后我仓皇地逃离了。当初如果我知道战胜畏惧心理的办法如此简单，无论如何我是不会逃走的。"

这些迟来的实话不是说话者坐在桌旁与人闲聊时表达的，而是面对着近200名听众所做的演说。

这件事发生在我在纽约开设培训课程的一届毕业典礼上，演说者的镇定自若和充满自信的表情令我印象深刻。当时我就坚信，这位学员的表达能力和自信心会使他的演说充满光彩。看到他成功地战胜了畏惧，作为老师，我为他感到高兴。然而，如果这位学员在五年前或者更早时就做到了这一点，那他则一定会取得更加辉煌的成就，拥有更加光彩的生活。

爱默生曾说过："世界上最让人难堪的便是畏惧。"如今，我对这句话有了越来越深刻的理解，因为我已经帮助许多人克服了畏惧。刚开始讲课时，我自己也没有信心，不知道这门课程会不会真的有那么大的魔力能帮助人们战胜恐惧和不自信的心理，如今我已经坚信学习当众演说是克服恐惧、培养勇气和自信心的最有效的方法。成功的演说就是成功去除胆怯的过程。

根据多年的教学经验，我总结了一些方法，它们能够有效地帮助你在几周之内就可以克服恐惧，树立起自信心。

克服畏惧心理

事实1：怯场的不仅仅是你一个人！高等院校调查统计表明，在全部选修演说课程的学生当中，大多数学生都为开课演说而怯场。依据我个人的经验判断：在参加我的演讲培训的成年人之中，怯场的人占了绝大部分！

事实2：从某一角度讲有一定的怯场心理对于演讲者来说是有好处的！这是一种自然疗法，有助于人们应对出乎意料的挑战。所以，在演讲的过程中当你感觉自己呼吸急促、心跳加速时，要知道这是正常反映，它表明你的身体对于外界刺激是敏感的，并且正在做着应对这一刺激的准备。如果能很好地控制和利用这一生理准备过程，并形成生理条件反射，那么你的思维就会变得更为敏捷，表达得也会更加顺畅，演讲的表现力将从整体上得到提高，而这一切只能是在应急状态下才可做到。

事实3：很多专业演说家从来没有完全消除怯场心理。在演说前，甚至在已经开始演讲了的几秒钟内都处在怯场状态中。可以说，这些人就像心系赛场的赛马，为了梦想的实现，必须刻苦训练。要让自己的脸皮如南瓜皮一样厚，而内心却要像南瓜瓤一样富含激情。

事实4：出现怯场现象只能说明你还没有适应在公共场合说话。《思想的来源》一书的作者罗宾逊教授曾说过："无知和不确定的畸形表现便是畏惧。"对于绝大多数人来讲，公共演说是他们很少接触的未知领域，如果突然要求他们去做公开演讲，那么，在他们的心里产生焦虑和恐惧则是不可避免的。对于初学者，学习公共演说比学习驾驶和打乒乓球更难以找到状态。要想快速找到状态，最有效的方法就是不断地去实践！

同无数演讲的先行者一样，你将会感觉到，一次成功的经历将使得公共演说成为一种个人的快乐，而非折磨。

阿尔伯特·爱德华·维根是一位很优秀的心理医生，同时又是一位杰出的演讲家，他当年战胜胆怯的故事非常有说服力。还是在读高中的时候，每当轮到自己要站起来做一个5分钟的演讲时，他都会感到从里到外的恐惧和难堪。他是这样记述的：

随着那个日子慢慢临近，我真的是害怕极了。每当想起那令我恐惧的作业，我就出现从未有过的紧张，脸上火辣辣的，最后我不得不跑到学校教学楼后面，把脸贴在冰凉的砖墙上使它不至于太热，甚至后来上了大学，这方面我还没有一点点的改进。

我记得有一次演讲时，我刚刚开了一个头："亚当和杰斐逊是……"接着脑子里就乱作一团，接下来要讲什么完全没有了头绪。我绞尽脑汁，全然不知要怎样讲下去，最后竟鬼使神差地大声说了句："亚当和杰斐逊已经与世长辞了……"之后，我真的就不知道下面还要说什么了，我索性低头一鞠躬，然后便迷迷糊糊地走回自己的座位，而后场内便响起热烈的掌声。当然，这肯定不是赞美之声，校长说："爱德华，我们对于这个坏消息感到十分震惊，大家节哀吧！"话音刚落，全场一片哗然。当时的场景让我无地自容，为这件事我病了好些天，而且一想起此事来我就羞于见人。

从此，我立志要做一名公共演讲家。大学毕业的当年，我来到多佛。那时，银币自由铸造事件引发的政治风波正闹得沸沸扬扬。一天我在街上看到一份银币自由铸造主义者的宣传手册，看到布莱恩和他的追随者所开的空头支票。我胸中充满愤怒，于是当即就卖掉手表做路费回到家乡印第安纳州。一回到家乡，我立即就投入到为银币自由铸造主义者四处演讲的活动中。很多听众都是我的高中同学。

刚开始演讲时，有关那个"亚当和杰斐逊"的演说笑话仍然萦绕在我的脑海里，几乎让我无法开口，我唯恐又将引发另外一个笑话，但最终正像昌西·德平所说的那样，我同听众们一同忍受了那个让人头痛的开场白，正是这个不值一提的成功极大地鼓励了我。我原本打算要做15分钟的演讲，结果却出乎意料，我竟做了长达一个半小时的长篇演说。

在随后的几年里，所谓的奇迹真的在我身上出现了，以前一当众讲话就头疼的我成为了一名职业演讲家。

这使我终于体会到了威廉·詹姆士所讲的"使成功成为惯性"的含义。

现在我更相信这样一句话：战胜恐惧是从一次成功的演说开始的。

有勇气在公共场所开口讲话，首先要做的就是要抑制住自己的恐惧心理，同时一步步提升自己的演说水平。

即使是由于怯场而让心理失去控制，造成思维混乱、谈吐不清、不由自主地颤抖，以致严重影响了演说的效果，你也不要因此而沮丧。这些现象发生在演讲初学者身上是再正常不过的了。

只要你决心通过努力控制好心理，把怯场心理降到最低，它就会变成有利的因素。

做好充分准备

我还清楚地记得这样一件事，多年以前，一位杰出的政府某部门高官在纽约旋转俱乐部的午餐会上，突然想就他所在部门的工作情况对公众做一番演讲。

显然，事先他没有为这次演讲做好充分准备。刚开始，他即兴开了个头，接着他就觉察到自己犯了一个错误，因为自己并没有想好该从哪里讲起，慌乱中他从衣兜里掏出一个笔记本不断地翻找，显然这里有他想要讲的东西，这个过程让他十分尴尬。时间一分一秒地过去，他越来越慌乱和不知所措，连拿笔记本的手都在颤抖。他不停地道歉，企图以此掩饰自己慌乱的内心。这种场面是演讲者因内心恐惧而致思路紊乱的真实写照，而这位演讲者慌乱的原因是他缺乏准备。最终他不得不放弃演讲回到自己的座位上，这是我所见过的最为失败的演讲。

他的这番让自己很丢颜面的表现正如卢梭的那句关于写情书的戏言："刚开始不知道自己该说什么，写完之后又记不清楚自己都说了些什么。"

从1912年开始，也就是从我开办演讲训练班的那一年开始，每年我都要评估5000次演说，这好像成了我的义务。同时评估演说的经验也让我完成一门非常有意义的课程——《演讲只将自信心奖赏给有准备的头脑》的设置。因为带着破烂不堪的"武器"或者是没有弹药的"武器"，是不能战胜恐惧的。林肯说过："假如我没有准备，也一定会遭遇尴尬。"

如果你想通过树立和提高自信心来保证演说获得成功的话，那你还犹豫什么呢！切尔尼·兰尼说："毫无准备地去演说，就好像让自己上半身没有穿衣服就站在听众前面。"

建议1：千万不要死记硬背演说稿

演说前必须要"准备充分"，但绝不是要求你去背演说稿！很多演讲者为了不怯场而养成了死记硬背的坏习惯，以为这样就不会临阵慌乱了。

一旦让这种愚蠢行为成为习惯，演讲者就会不知不觉被演讲稿束缚住。不分白天黑夜地把时间花在背诵演讲稿上，往往会造成相反的效果。

现任全美新闻评论员协会主席卡特伊博·凯恩在哈佛大学读书期间，参加过一次演说比赛。他要演说的是一则题为《绅士万岁》的短篇故事。演说前他把底稿背得滚瓜烂熟，并一遍又一遍重复地记忆。可在比赛时，他刚大声地说出"绅士万岁"几个字后就鬼使神差地被卡住了，他开始有些慌乱，最后他随机应变照着自己背诵出的思路来演说救场，没想到竟然获得了一等奖。

当他得知自己获得一等奖后，觉得十分不解。从那个时候开始，伊博·凯恩再也不事先阅读或背诵演说稿了，这一点也成为他在播音行业成功的秘诀之一。他对听众的点评或者交谈都显示出异常的从容和自然，就是因为不再为那些稿件所束缚的缘故。

许多初学演说的人有把要说的事提前写下来并进行背诵的习惯，这不仅浪费时间，还往往弄巧成拙。我们在日常生活的所有谈话都应该是自然流露的，除了有目的演说，完全没有必要把时间和精力都花费在经营词句上面。我们一直都在思考，如果我们的思维清晰，说话就应该像呼吸一样自然轻松。

即便是温斯顿·丘吉尔也尝尽了背诵演讲词的苦头。丘吉尔年轻时，会事先把演说内容写下来背熟。一次，他在英国议会上发表一个演说当场卡壳，背熟的内容全然不记得，场面十分尴尬。他不得不又重复了一遍刚讲过的话，尽管如此他依旧想不起来后面要说的内容，只得重新坐下。从那之后，无论是什么重要演说，他再也不事先背诵演说稿了！

如果我们一字一句地背诵，就很可能在演讲时记忆出现混乱，忘记了所背的内容，即使能记起来，也会使整个演讲机械，毫无生气，索然无味。因为这种演说并不是发自内心的，而仅是在表现我们的记忆力。当我们进行私人谈话时，一般都是先想一想要说什么，然后是开宗明义说出要说的，而不是去经营词句想好一句说一句。我们一生之中都是这样与别人说话的，这一习惯还是不要改变得好。如果我们像万斯·布什奈尔那样演讲前把演讲内容背诵下来，那么我们也多半会遭遇像他那样的尴尬。

万斯毕业于巴黎比尤克斯艺术学院，毕业之后进入世界知名保险公司之一的布氏人身保险协会担任副总裁。几年前，他出席一个全美布氏人身保险代表会议，这个会议有2000名代表参加，地点在西弗吉尼亚州的白柳泉饭店。会议上，万斯被安排发表演讲。当时，他作为保险业的一匹黑马，资历甚浅，但由于业绩好，被安排了20分钟的演讲。

对此万斯不但非常爽快地接受了，还感到十分的荣幸。他觉得这个演说将会带给他荣誉。然而让他没想到的是，结果却不是他预期的那样。为了做好这次演说，事先他将演说内容写下来，之后就开始一遍一遍地背。他至少在镜子前排练了40余次，包括每个短语、每个动作甚至每个神态都说了无数次、做了无数次。直到一切都胸有成竹，只缺喝彩和掌声了。

但现实却是，演讲刚一开始，他就感到怯场了。他刚说道："这个计划中我的任务是……"后面就怎么也说不下去了，任他做任何努力都无济于事，而且他已经开始觉得心慌得厉害，便往后退了两步，企图重新理顺记忆。可接着他再次卡壳，可能是过于紧张让他的思维出现了短暂的停滞，他只想借由后退的方式来帮助自己恢复记忆，讲台大约四英尺高，后面没有栏杆，离墙大概五英尺的距离。当他再次往后退时摔到了讲台的下边。

这样的结果让现场的代表们先是惊讶接着一片哗然，许多人笑得前仰后合。后来这个从严肃开始到变成搞笑的表演的事件被写入了布氏人身保险协会历史。当时的听众并不知道真相，以为这是事先安排好的演出。到现在保险协会的老人们还有人说起万斯当年的幽默剧。

这件事对万斯来说，是他职业生涯中最难堪的时刻，他觉得非常丢人，便向协会提出辞职。他的上司没有批准他的辞职，而是决定帮助他重树自信。

经过几年的磨炼，万斯已成为所在协会里最优秀的演讲者之一，而从那次演讲失败后他再也没去背过演说稿。万斯的教训对许多人都有很深刻的警示作用。对于习惯将演讲词背熟，却从来不知道扔掉那些戏弄人的废纸的人来说更应该从中吸取教训，只有这样才会使演说变得更加自然、顺畅、更富人情味。当然，底稿的作用也不可完全被否定，它至少可以为我们提供明晰的线索和主题。

林肯曾说过："我一直不喜欢听神父事先就做好的布道。在听神父布道时，我倒是喜欢他那好像挥赶着嘤嘤嗡嗡的蜜蜂而做出的丰富手势。"其实林肯是在说，他希望演讲者不要有那种听起来让人乏味、一成不变的风格，要满腔激情地演说。如果演说者背诵草稿，那他的手势一定不如好像挥赶蜜蜂那样丰富有趣。

建议2：演讲前应该充分准备

到底怎样才算是充分的准备呢！其实并不复杂也不难。

回忆那些指导你怎么让生活更有意义的人生经验，你会发现很多以前没有注意到的想法和观念，它们零碎地存在于你的记忆中，此时你需要做的就是将它们进行整理、归纳，然后提炼出你准备演说的主题。

特朗·摩根博士曾多次在耶鲁大学发表过精彩的演说，在谈及演说经验时他说："你没有必要浪费时间过多地在意它，揣摩好你选定的主题，然后将要点大致勾勒在纸片上，你会发现你要说的东西就这样被逻辑连在一起了。"这样就使问题变得容易了。我们只需要认真地思考某个目标就可以了。

建议3：先在朋友面前排练

当你对演讲的整体构思有了把握之后，还有必要先演练一下。这个方法简单易行，而且还可以收到非常不错的效果。它的具体操作方式可以是这样的：当你面对朋友的时候，将你演说内容里的一些观点作为与朋友闲聊的话题，暂时把以前的话题搁置一边。你可以坐在桌边探过身去问："乔，我现在有个特别的事情，很想跟你谈谈，希望听听你对此的意见。"

此时的乔会一本正经地专心听你的话，而你可以讲一些他感兴趣的话题。他可能完全不知道你在彩排你的演讲，但这并不重要，重要的是他很有可能会说他非常喜欢这次聊天。

阿兰·奈文斯是一位杰出的历史学家，对于上述的演说前的准备，他曾说了这样的话："找一个对这个话题感兴趣的朋友，尽可能多地讨论这一话题，能帮助你查缺补漏。"

做好成功的准备

"做好成功的准备"是在接受公共演说训练时所必须持有的态度。它也一样适用于你现在面对的特殊任务：把握每一个机会去讲述你成功的经验。

下面我再提供三条建议来帮助你：

建议1：融入演说的主题

在演讲主题确定之后，要有计划地编排，最好通过和朋友进行交谈来排练。至此，你需要记住，你的准备工作并没有结束。你首先必须要明确演说主题的重要性，并且还要强化你追求成功的拼搏精神：相信自己。要揣摩需要怎样讲才能让听众信服你！要认真推敲所有的措辞，挖掘主题的内涵，让听众在你的演讲过程中与你产生共鸣，并且沉浸到你的演说中去。

建议2：忘记那些令你担心的负面因素

所有的在演说中会忽然出现卡壳、忘词、外来嘲讽等的担心，都是不利于你演说成功的。这些隐藏在你心里的负面因素如果不果断地去除掉，会让你在演说开始前就失掉信心，所以你必须在演说前就将注意力从自己身上转移到观众身上，这样可以帮你避免怯场。

建议3：鼓励和声援自己

每一位演讲者都有对自己的演讲主题不确定和不自信的时候。他不能肯定这个话题是否适合自己表述；听众们会不会对自己的演讲感兴趣。因为这个原因，有的演讲者可能会忍不住去更改主题。当类似的情况发生时，这些负面因素很可能会完全击垮你的自信心。

面对这种情况时你可以用和自己说话的方法来鼓励和声援自己，比如你可以直截了当地大声对自己说：这个主题最合适你来表达了，因为它是你的亲身经历，来源于你对人生的感悟。你应该坚定地这样鼓励自己：你比在场的所有人都有资格和优势来做这个话题的演说。

这不是自欺欺人，是自我认可，现代实验心理学也认可：通过自我暗示激励自己是实现快速学习的最好的方法之一，即使这种暗示仅仅是假想的。真实、诚恳地自我鼓励一定能产生出强大的作用，这是毋庸置疑的。

充满信心地表演

美国著名心理学家威廉·詹姆士下过这样的结论：

"看上去行为一直跟随在感情之后，而事实上二者是密切联系在一起的。人的意识直接控制着行为，通过对行为的调整，可以间接地调整感情，但感情本身是不直接受意识控制的。"

詹姆士的这个观点已被写进了教科书，我们不妨把它接受下来。它告诉我们：一旦我们感到不高兴时，最好的自我调节方法就是装出一副兴高采烈的样子，在动作表情上都表现出很愉快的样子。要是这样仍不能让你快乐起来，可以说已经没有别的解决办法了。因此，你应该表现出一副勇敢的样子，专心致志地去做，其结果很可能是你成功战胜了畏惧。

为什么不把詹姆士教授的建议化为实际行动呢！面对观众时要充满信心，你需要鼓足勇气。当然，这也是要以做好充分的准备为前提的，否则只有勇气而无实力也无济于事。假如你演讲的内容已经确定，那么就快速地走上台去，如果有机会做几下深呼吸，对稳定你的情绪是有帮助。实际上，站在台上面对观众做一下稳定情绪的活动，不仅能使你的紧张情绪有所缓解，还会得到大量的新鲜氧气，使你精神百倍，充满自信。我曾问过一位优秀的演说者：你是如何做到在演说台上神情自若的？他说"当你吸入的氧气足够支撑你站在台上时，担忧也就自然而然消失不见了！"

抬头挺胸，正视听众的眼睛，然后理直气壮地开口，要让人感觉到台上的你好像是所有在场听众的债主似的。想象他们全都向你借了钱，想象他们现在正忐忑不安地请求你宽限几天，这一强烈的心理暗示将对你有实质的帮助。

假如你认为这种精神胜利法还不能奏效的话，那么你可以先跟一些人聊几分钟来检验一下。这些人比你更早受益于本书所传达的方法。

假如你与他们没有交流的机会，那你可以听听关于一个美国人的故事，此人已经成为勇气的象征。他曾经也是一个不敢在众人面前讲话的人，但后来通过练习自我暗示，他变成了一个名副其实的勇士，这个人便是美国总统西奥多·罗斯福，一个善于控制舆论的人。

罗斯福在其自传中这样记述自己：

有很长一段时期，我一直觉得自己不健康。这主要是来自心理上的，作为一个年轻人，我对自己毫无自信。但我又不甘于此，只能在肉体和精神上对自己进行痛苦的训练。值得庆幸的是，我的感觉从此成功地得到改变。

小时候，我最喜欢读马里亚特的书，它总能深深地触动我的灵魂。小时候在他所写的书上读到过的一个故事至今还不能忘怀，它讲的是一艘英国小军舰的舰长如何克服内心恐惧的故事。他说对于任何一件不曾做过的事，任何人在刚开始做时都会担心做不好，但这个时候你必须要硬着头皮去做，而且还要假装一定能做好的样子。做过一段时间之后，你会发现当初假装出来的勇敢和无所谓成了现实。通过自己给自己鼓劲，他从一个胆小怯弱的人变成一个无所畏惧的人。

这便是我人生中的一个信条。任何事物，不论是狗熊、烈马还是持枪歹徒，刚开始都会让我害怕。但即使我以假装出的勇敢去面对他，渐渐地，恐惧就真的不见了。

战胜对公共演说的恐惧会对一个人的人生产生重大的影响。

那些接受挑战的人会因此而认为自己实际上比想象中的更强大。他们认为，成功克服当众演讲的畏惧使得他们超越了自我，从而让自己的人生变得更为丰富精彩。一位商人学员曾在训练笔记中这样写道：

经过几次面对全班同学演说之后，我相信自己现在已经是一个能坦然应对任何人的人了。一天上午，我去一个非常难对付的代理销售商的办公室，在他还没有说出送客之前，我早就以不容拒绝的架势在他的办公桌上摆满了要卖给他的各式货物样品。后来，在他那里我签到了之前从未签过的最大一笔订单。

曾有一个家庭主妇这样讲述她的经历：

一直以来我都不敢邀请邻居们来家里做客，因为我害怕我们的交谈会由于我的胆怯而被迫中断，并因而破坏我们之间的友谊。通过几期演说课程的学习之后，我在家里举办了一次非常成功的私人聚会。我很容易就做到了用自己的话题引起大家的兴趣。

另有一个来自毕业班的学员说：

我是一名推销员，但我曾经不敢面对顾客。他们对我的看法让我很自卑，以至于我的业绩一直都上不来。经过同全班同学的几次交谈之后，我开始对交流充满信心，与对方说话也愈发的有气势，渐渐地，我能以自信的姿态应对不同意见的辩论。当我在训练班成功演说后的第一个月，我的销售额比往常增加了一倍。

以上介绍的几位都曾经是胆怯者，而后发现战胜恐惧和胆怯又是如此轻松的学员，过去在他们看来一般情况下不能完成的事，而今做起来却都十分顺手。

这些学员通过公共演说树立了信心，现在他们都能信心满满地面对生活的每一天。从未有过的自信感使他们不畏惧生活中的任何困境，相信其他人也一定可以做到。要相信，那些让你狼狈不堪的情景，都将从此成为你平淡生活中具有挑战意味的激励。

成功演讲的捷径

一般情况下，在白天我是很少看电视的，前几天，一位朋友向我推荐一档收视率极高、关于家庭主妇的电视节目，并叮嘱我说不管怎样一定要收看，说我一定会对这个节目感兴趣。

遵照朋友的叮嘱我看过几期后，真的被这个节目强烈地吸引了，尤其是主持人的做法让我耳目一新，他让每一个节目的参与者都有机会发言。那些参与者显然不是什么职业演讲家，也看不出来曾接受过沟通能力一类的培训，他们中间甚至有人会犯语法上的错误，但他们对着镜头讲话时没有一丝的紧张，相反显得非常轻松自如。

他们是如何做到这一点的呢？我深知其中的缘由，因为多年来我就是一直使用它来培训我的学员的。作为一个身份普通的演讲者，他们确实吸引了观众的注意力，他们本身就是演说故事中的主人公，他们回忆着以往或者遭遇尴尬或者享受美好的情景，包括他们与爱人首次相遇的始末。在他们的演讲稿里，完全没有引言、正文以及总结等教科书上的那种固定化框框，连遣词造句、语法文风都无拘无束，他们只是聚精会神讲他们的故事。

通过连续几期的观看，我发现正是这一点使它赢得了收视率。在我看来，公共演说的捷径有三项要遵循的原则：

1.要讲给听众的应该是自己的亲身经历或者自己思考过的事情。

2.要对自己选择的话题自信和充满热情。

3.要努力使观众同你产生共鸣。

讲你所熟悉的事情

演讲者在节目里通过演说具体生动的故事，使节目变得好看吸引人，是因为故事的主角正是演说者自己，他们了解自己的经历并能满怀激情地进行表述。试想，假如让他们解释共产主义的含义或联合国的组织或制度，那这个节目将是多么的枯燥与无趣。可是在有些宴会上演讲者还经常出这种错误，他们会随意选一个连自己都不怎样了解、不需花费多少时间也很少有人关心的事情作为演讲话题。他们随意开一个话头，比如什么民主、正义、爱国主义，或者是借助权威阐述、演讲手册之类的工具书，然后把这些大道理及他本人含糊其词的理解凑在一起，表述给听众，让听众听得稀里糊涂，不解其意。

其实，这些演说者根本不清楚听众要听的是什么，什么才能引起他们的共鸣，事实上，恰恰是这些事实印证了那些空洞无味的理论概念。

几年之前，我所开设的训练班上的教师们曾经在希尔顿大酒店召开了一次会议。会上一个学员用这样的话做他演讲的开头：

> 我现在要阐述的是：自由、平等、博爱，它们是彰显人类最仁慈的词语。如果没有了自由，生命便没有了意义。我们不妨假设一下，假如你完全没有了自由，你将用什么去生活？

听到这里，培训班的老师果断地打断了他的演说，并且问他，你有证据让你自己来说服自己相信以上所说的话吗？你能不能拿出证据或者是亲身经历来证实所言不假呢？随即这个学员讲述了一个让我们大家都感到震撼的故事：

> "二战"时期，有一位法国的地下战士，他的家人因为他的行动受到牵连，受尽了纳粹的欺凌和迫害。后来他们在反战人士的帮助下机智地通过了秘密警察的严密盘查，最终到达了美国。最后，他说：
> "如今，我走过密歇根大街来到这儿，来往自由，无须再躲避警察的盘查，他们也不盯着我。我随便出入哪里，也不用出示身份证来证明自己。会议结束之后，我可以去芝加哥任何其他地方。相信我吧，自由，值得我们为其战斗！"

他的话音一落，全场人立即起立，随之响起雷鸣般的掌声。

建议1：说自己熟悉的生活

应该说，当演讲人讲述的是自己对生活的感悟，是可以引人入胜的。但从经验上看，演说者都不太情愿去弄懂这个道理，因为他们通常觉得个人的经历是琐碎和自我的，所以，他们宁可费尽心思找那些放之四海皆准的概念和哲学道理，而不去讲自己的事。但那些大且并不容易引起人们关注的东西，谈论起来只会给听众当催眠曲，就好像我们期望着晚报上有什么新鲜的新闻轶事，安排者却在那里放一篇没有任何新意的社论。人们并不都对社论反感，但得看是出自谁的笔下，如果作者是编辑或者报纸的经理还可能得到关注，所以你还是说你自己对生活的感悟吧，这些才是听众所希望听到的。

据说爱默生就非常愿意倾听甚至是任何人的诉说，无论对方地位多么卑微，他认为自己总能够从其身上得到一些有益的东西。他说："我比任何一个西方人所听过的倾诉都要多，我愿意倾听所有人诉说他对生活的感悟，无论内容有多么琐碎。"

关于这一点，需要做一下补充说明。几年前，我们的一位教师专门针对纽约市立银行高级职员开设了专门的公共演说培训课程。可是参加学习的学员由于忙于公务，没有精力去准备演说，或者根本就没有信心去演说，他们从来都是习惯于站在旁观者的角度上观察和思考。几十年的工作为他们提供了丰富的演说资源，遗憾的是他们却不知道好好地利用。

某个周五，一位与上级银行有来往的博朗先生，计划今天是要演说的，同学们已经陆续到场，而他的演说主题还没有确定。在来的路上，他在路边的书报摊买了一本《福布斯》杂志。在杂志上他看到有一篇题为《你只有十年时间去成功》的文章。他并不喜欢这篇文章，但今天的演说要求他必须得说些什么。

一个小时之后，轮到他演讲了，他试图用杂志上的那篇文章作为演讲的蓝本，争取能吸引在场的同学听。结果在意料之中，因他没有时间去充分领悟自己想要演讲的内容，再加上要演说的内容连自己都不喜欢听，又没有什么实质性的东西，只是一种宣泄。

对他来说，此次的演讲不过就是一种应付，他演讲的神态和语调表明了这一点，这种情形下，又怎么能指望听众比他更加印象深刻呢！他一直在引用原文，在阐述着别人所阐述的观点。演说完的结果是听众对《福布斯》杂志印象深刻，但对他以及他的演说却印象模糊。

演讲完后，培训班的教师提醒他说："博朗先生，我们对那篇文章的作者并不感兴趣，因为我们既无业务往来也并不相识，我们要了解的是你本人以及你自己的想法。不用去管别人怎么说，你自己的演讲应该有你自己的内容，下周仍旧是这个话题，要求你再做一次演讲，你可以再读一读那篇文章，看看你们的观点是否真的一致。如果一致的话，那么就从你自己的角度来进行表述；如果你和对方的观点不一样，那就说出你的想法和观点。"

按照老师的要求博朗重新读了那篇文章，结果发现作者的观点并不是自己认同的观点，于是他重新寻找论据，来支持自己与其不同的观点。他又根据自己多年银行部门主管的经验提炼出主题。第二周，再次轮到他演说时，他没有复述那篇文章的观点，而是将自己的想法和观点清晰地提了出来，结果可以预料到，他的第二次演说获得了极大的成功。

建议2：说让你印象深刻的主题

一次，培训班的老师们应学员们的恳请，在纸条上写下他们认为初学者可能面对的最大的困难。等到统计完这些纸条上的内容后发现，刚开始培训班课程时，教师们最常面对的难题是如何引领初学者找到合适的话题。

那么，到底是什么样的话题才适合做演说中的话题呢？现在我来告诉你们，在你的生活经历以及知识背景中去寻找最适合你的主题。也就是说，让思绪回到记忆里去寻找那些曾让你的生活变得有意义并且让你印象深刻的事情。几年前，我们曾经组织过教师专门调研过哪些话题会吸引听众注意的问题，发现其中最有吸引力的几个话题都是有关个人特殊背景的，例如：

（1）儿时的成长经历。与家庭生活、童年往事、学校环境相关的题材是人们感兴趣、最想听到的话题。我们想听到的总是关于一个人在成长历程中怎样去面对和战胜困难的。

因此，每个演讲者不管在什么情况下，都要记得最有价值、最能激起听众情感波澜的话题就是你童年的生活。你可以引用妇孺皆知的戏剧、影视和故事及人们早年遭遇的一些烦恼等来增加故事的趣味性。怎样确定他人对我们的童年时代有没有兴趣呢？可以这样判断：假如有一件事情对你来说经久难忘，回忆起来仍历历在目，那么毫无疑问，它也一定是听众同样乐意听的。

（2）自己的奋斗历史。这种经历说起来很容易令人在胸中重新燃起奋斗的激情。比如，回想一下自己曾为理想而奋斗的难忘事情；曾经在特殊行业的工作经历；你是怎样经历波折坎坷并最终成就了自己的事业的。告诉听众在如今日益激烈的竞争中，为了向目标前进，你是如何克服困难让理想最终实现的，这些都可以，记住，真实展现一个人的成长历程是最有把握演讲好的话题。

（3）个人的兴趣和娱乐。每个人的兴趣和爱好都不同，所以说起来会多姿多彩，是很好的话题，也容易引人入胜。说说仅仅出于爱好而去做的事情，也是很有把握的。讲述一些发自内心喜爱的东西，让自己都会激情满怀，更不要说听众了。

（4）特定的文化背景。因为特定行业的工作经历注定了你就是这方面的行家，讲起来也一定得心应手。即便聊的只是自己的工作以及工作经验和体会，听者也会感兴趣，并因而聚精会神。

（5）特别的经历。包括你同某位大明星或知名人士交往的经历、你经历过的枪林弹雨、体验过生死一瞬间的惊心动魄！另外你的生涯中有沮丧到了极限的时刻吗？这些都是极好的演说题材。

（6）自己的信仰与信念。你一定也曾认真思考过当今世界的形势，对此自己应持什么样的态度；你曾对一件事十分重视，并花费了大量的精力和时间去思索过，对于这些你曾关注并倾注热情的事情，你最有资格去谈论它。但是，要注意在讲述时，不要忘了多举例来证实你的信念。听众不喜欢听空洞无物、陈词滥调的演说。不能把顺手拿来的报纸或者杂志上与你要表述的论点并无多少关联的材料作为拼凑你演说的内容，因为那样不吸引人。尽量少说早已耳熟能详的话题。不过，假如这个话题本来就是你多年来所研究的，那它便是个绝佳的好题材。

有关演说的准备工作，不是要你在纸上列出要点或大段地背诵，也不是让你从报纸杂志摘取内容然后拼凑出一篇二手文章来。那要准备什么呢？要从自己内心深处寻找出信念。不用担心寻找不到，其实信念就在你自己心里，追根溯源，你肯定可以将其挖掘出来。也不必担心如果挖掘出来的信念是自己一家之言，会不会让人听起来有失博大、过于琐碎，会使听众听起来觉得俗不可耐？实际上，只有这样的演说才让观众感动和高兴，在我看来，它要胜过我听过的所有职业演说家的作品。

只有说自己熟悉的事才能让自己感兴趣，并能真正地融入话题当中，也才更有可能找到讲好公共演说的捷径！

讲自己感兴趣的话题

现在我要强调的是：并不是说只有我们有资格探讨的话题才能引起大家的兴趣。只有你亲身经历的事情你才有话语权，也才能讲出其中给人以教义的东西，最主要的是你有兴趣才去讲述。

比如说，谈论怎样刷盘子，你并不感兴趣，因为刷盘子这种事情你从来都没有留意过。而那些家庭主妇正好相反，她们对这个话题会谈论得津津有味。可能天天都要刷盘子会让她们抱怨、恼怒，抑或她们因找到了处理这项恼人家务的新方法而乐此不疲。不管是什么原因，她们乐于探讨这类话题，对于她们，刷盘子的话题是非常生动有趣的谈资。

你要面临的问题是：你确定的主题是不是还需要经过集体做出最后的决定！如果有反对意见提出来，你能否自信地坚持你的主张？答案如果是肯定的，那就可以确定你所选择的话题很适合你。

1926年，我有幸参加了在瑞士日内瓦举办的国际联盟第七次大会，并且作了许多会议记录。其中就有与我们谈论的演说有关的，在此节选一段：

会场上的人们被几个拿着稿子照本宣科的人讲得头昏脑涨，当加拿大的乔治·沃思德爵士上台演讲时，我看到他并没有携带已准备好的文稿或纸条类的东西，自然对他有些好感。

他习惯利用手势配合演说。他真诚地希望每一个听众都能明白他正在谈论的观点，他也希望自己发自内心的信念能感染听众，这一切就像窗外的日内瓦湖那样显而易见。他的发言所体现出来的某些风格与我在公共演说教学上一直所提倡的某些原则不谋而合。

如果说我在瑞士日内瓦举办的国际联盟第七次大会上有什么收获的话，那就是乔治爵士的演说态度。记住，只有你对话题充满真情，诚意才会通过你的话语自然地流露出来。费舍尔主教是美国最有影响力的演说家之一，他在《过充满意义的生活》一书里写道：

　　我上大学时是学校辩论队的成员。在圣母玛利亚辩论赛的前一天夜里，我们的辩论教导员把我叫到办公室不分青红皂白地骂了一顿。

　　"你简直就是个笨蛋！你算是我们建校以来我所认识的最差劲的演说者了！"

　　我很委屈，问道："既然您认为我是这样一个愚蠢的人，为什么还选择我加入辩论队呢？"

　　他说："挑选你是因为你的思想，而不是因为你的演讲水平有多高。去角落里，试试讲一段演说词。"

　　我被那一小段演说词折腾了近一个小时，最后，他问："知道问题出在哪里了吗！"我回答说不清楚。于是，又折腾一个小时、两个小时，两个半小时。当我几近崩溃时，他问道："仍旧没有找到吗！"

　　这回我说："清楚了，我在演说时并没有把要表达的问题认真地放在心上，根本就是三心二意，致使我的演说缺乏真实情感。"

　　经过这两个半小时的反思，我终于明白了这个道理。

　　这是费舍尔主教所受的终生难忘的一课，即没有真实情感的投入就不可能有成功的讲演。自那以后，他更加关注自己所要演说的题材。

　　在训练班上经常有学员对教师说："因为我对任何事都提不起兴趣来，致使我的生活一团糟。"每当此时，有经验的教师都会问他，你平常都干些什么呢！他们的回答自然各式各样，有些人喜欢看电影；有些人喜欢打保龄球；有些人则喜欢在花园里侍弄花草。

　　有一位学员平常喜欢收集关于火柴的书籍。教师抓住这一点，开始问他有关这个与众不同的兴趣的问题，而他也逐渐有了兴趣，滔滔不绝地述说他的经历，两只手还配合着翻来覆去地比画着，描述自己搜集和存放这些书籍的一些细节。

　　他告诉老师，他收藏了世界各地火柴的文献资料。可见，他对这一兴趣话题十足，他自然而然地就激动起来了。最后教师中止了他的介绍，并问他：当初演讲时你为什么不讲讲这些事儿呢？这是些多么有趣的事啊！可这位学员却说，他从未想到过会有人对这些事情感兴趣。

　　这位学员花费多年的精力追求这一兴趣，甚至说已经到了痴迷的程度，可他却不认为这个主题适合演说，认为它的价值不大，绝不会引起别人的关注。教师认真地告诉他，检验一个话题是否有价值拿来做演说的一个最重要的判定标准，就是你自己对这个话题感不感兴趣。于是，他认真地琢磨了一个晚上，终于找到了他对这个话题的偏爱和熟悉点。后来我还听说，他去当地各式午餐俱乐部演说关于对火柴书籍的搜集，并得到了当地很多人士的欢迎和尊重。

对于那些一直期望着能快一些学会能当众演说的人来说，上面的例子很好地证实了这一准则。

激起听众的同感

一般说，一场演说必须具备以下三个构成要素：演说者、演说词、听众。这一章所论述的前两条准则是关于演说者和演说内容之间的关系问题，并未真正谈论到真实演说的场景。实际上，只有当演说者把演说内容同听众联系起来之后，演说才算真正的开始。

演讲前，你一定会对如何演讲好做了相当充分的准备，并且你的话题刚好符合听众的口味，要想让这次演说获得真正的成功，你还须考虑的是如何能让听众认为你演说的内容对他们十分有意义；要对自己演说的内容充满热情，还要将热情传递给听众。历史上有名的演说家都具有这种能力，就像一个传递福祉的圣人，给予听众所需要的东西。高超的演说者在演讲的过程中都充满激情，并且力图把它传递给每一位听众，让他们认同自己的观点，一同分享快乐、分担忧愁。

还有一点对于演说者来说也很重要：演讲者必须清楚，在演讲过程中一定要以听众为中心，而不能以自我为中心。要知道，一场演说的成败与否并不由演讲者来决定，尽管演讲者的作用十分关键，但演讲能否被听众接受并认可才是判断演讲是否成功的决定性因素。

在美国政府倡导"勤俭节约"运动期间，我为美国银行学会纽约分会培训了一批学员，其中有一位学员刚开始很不习惯与听众进行情感交流。为了改变他，我采取了这样的策略，先让他发自内心地对自己的演讲主题产生热情。我对他说："你要先反复思考题目，直到对这个题目产生兴趣为止。"我让他牢记纽约的"遗嘱公证法庭记录"。这个记录显示：85%的人在离开人世的时候什么都没留下；3.3%的人离世后会留下1万美元或者更多的财产。我告诉他，与其看他们求人施舍，不如帮他们做他们之前认为做不到的事。他说："我是为他们着想，希望他们在迟暮之年可以丰衣足食、安享晚年，并让他们的家人生活有所保障。"我要求他要时刻提醒自己：自己是一名建设者，自己所从事的是一项很高尚的社会服务工作。

在反复揣摩我说过的话之后，他似乎若有所悟。之后，他开始对自己的工作产生兴趣，接着充满了热情，并真切地意识到自己身负的重任。他四处巡回演说，听众非常认可他的理念，同他一道分享勤俭节约带来的益处，而这一切让人感到欣喜的结果，都来自于他乐于助人的习惯。他再也不是满脑子都是义务和责任的演说机器，他已经成为一名传教者，致力于有价值的信仰的传播。

在多年的教授生涯中，我用掉了相当多的时间来探索、反思培训课程中关于当众演说所需要的技巧，以及受人欢迎的表现形式。因为这些课程是培训教师们把有益的经验和知识不断地传授给学员，从而让他们的演说不再虚伪浮夸所必不可少的。

最让我难以忘记的，是我参加的第一堂演说训练课。当时授课教师让我两臂自然下垂，紧贴身体两侧，掌心向后，手指自然弯曲，大拇指刚好碰到腿侧。接着，他教我怎样用手臂在空中划出优美的曲线，以及手腕该如何优雅地扭转。做完这一套符合美学标准的动作后，再将手臂放回原位。这是一次非常单调整脚的美学演示，缺乏成功演说需要的激情和真诚。

成功的演讲要将自己的个性融入其中，并要像个普通人，充满激情地与听众推心置腹，这些要素，授课教师都没有传授给我们。

第二篇

演讲三要素：演讲、演讲者和听众

让演讲语言具有吸引力

记不起是哪一年了，设在纽约的一个演说培训班里来了两位新学员，一位是哲学博士，一位是从英国海军退役的军人。博士是一位大学教授，一身书卷气，彬彬有礼；退役军人是一个小摊贩，粗犷大方。

可让人不解的是，在培训过程中，那位退役军人演说的魅力却远远超过大学教授。为什么会出现这样的结果呢？大学教授的演说姿态优雅、措辞华丽，且语速和缓、语感好，但他的演说缺少了一个基本要素——具体化，从而使整个演说成了辞藻的堆砌，听上去很空洞。

小摊贩的演讲方式与大学教授截然不同，他习惯开门见山、直奔主题，且立意明确、表达具体、用语朴实，一开口就赢得了听众的认同。加之他表现出的男人的活力，使得他的演讲受到了听众的赞许。

我之所以举这个例子，不是为了比较那位大学教授与小摊贩的优劣，只是想表明，不管一个人接受过什么程度的正规教育，也不管他现在从事什么样的工作，只要他的演说语言鲜明、警醒性强，那他的演说就会有吸引力。

下面要介绍的是，如何让你的演说语言具有吸引力，做到这一点，关键要遵循四个步骤。如果学员按照这四个步骤去准备训练、实践，那么他们就可以让自己的演说更有吸引力。

步骤1：精简你的演讲主题

演讲主题确定后，第一步要做的事情就是规划出演说内容的范围。有个年轻人准备做两分钟的演说，他所选的题目是"从公元前500年的雅典到朝鲜战争"，不需要再做任何论证，我就可以确定：这个选题糟糕透了！现实也是如此，在他刚讲完雅典城的建筑时，演说时间就到了，他不得不回到座位。他原本打算让自己的演说包罗万象，结果听众如坠迷雾，不知所云，更不知他演讲的主题是什么。

这位年轻人的演讲失败之处在于，他要演说的内容有问题，时间跨度太大，主题不够精练。当然，这样的例子比较极端。

以我的经验看，出现这种错误的原因，多是因为演说者没有限定好演说的范围，让自己的演说涵盖了的太多的论点，而让听众无从把握重点。为什么这样说呢？不管是谁，如果只是把一些枯燥无味的材料堆叠在一起，就像鼓风机一样向听众吹糠末，是很难吸引人的。假如你的演说听起来就像是在向听众叙述世界大事年鉴一样，那么，听众很快就会散去的。现在我们以"黄石公园游记"为例，多数演说者在对黄石公园做介绍时，可能都会对其做一个全面详细的描述，于是，听众的意念会被介绍者拖着从这一景点飞奔到另外一个景点。直到介绍完，听众也只是大概地记得哪里有青山、瀑布和喷泉，却没有描绘任何一处的景观，像野生动物或温泉。

如果介绍者能抓住公园里最具有代表性的景观予以介绍，结果就会大不一样，他的演说一定会给人留下深刻印象，绚丽多彩的黄石公园也会因此展现在听众眼前！即使从没有去过黄石公园的听众，也会感到身临其境，进而产生深刻的印象。

在你演说之前，一定要合理地选择可用的题材，即使扩展话题，也要限定在一个合理的范围内，确保不会超时。5分钟的演讲中不要期望能说清楚三件或更多的事情。即便是长达30分钟的演说，要想表达清楚四五件事情，也是有难度的，尽量不要冒那样的风险。

步骤2：丰富你的知识储备

记住，如果想让你的演说主题给听众留下深刻的印象，那在演说的时候就不要给听众留下蜻蜓点水般的印象，否则，听众会远离你，甚至不会给他们留下一点印象。所以，规划好演说题目的范围后，还要学会自我检验，要知己知彼，做好充分的准备，并用底气十足的语气回答自己的选题，比如：

"我知道其中的原因是什么！"

"我在日常生活中曾不止一次遇到这种情况，也多次证实它的正确性！"

"我准备证明什么？为什么会有这种现象？"

在尝试对这些问题进行回答时，其实也是在充分地准备自己的演讲。据说，植物学奇才路德·博潘为了培育出一两种顶级的植物品种，竟栽植了100万种植物。这对演说者会有什么样的启发呢？答案是，要想提炼出好的主题，必须准备多种思路，然后优中选优。

有一位名叫凯恩·纳的畅销书作家，在谈到写作和演说的准备时说："当我事实上只需要一份材料时，我会事先让自己找到10份甚至100份。"

有一次，他用实际行动证实了他的说法。

1956年，他打算写一部全面反映精神病院工作的专著。为此，他专门去了许多地方的精神病医院，同院长、护士和患者聊天。我有一位朋友曾辅助过他的创作工作。他对我说，医院的大门他们不知进出过多少次，从这栋楼到那栋楼，天天如此。而凯恩本人也整理了大量的笔记，他的工作室里放满了调查得来的材料和有关的统计数据。

那位友人跟我说："最后，他只写了四则短文，简单而生动，可以说是最好的演说素材。记载着那些文字的几页纸，或许只有百十来克重，但记录着密密麻麻文字的笔记本及其他资料、产出这百十来克最终用得上的原材料，却有几十千克的重量。"

凯恩先生清楚，自己挖掘的是个倾城之宝。他不允许自己遗漏任何一个地方，工作做得十分细致。他大量采集矿物，然后提炼出有用的金沙。有一位外科医生说的话非常富有哲理，他说：

"我能够在十分钟之内教会一个人如何做盲肠手术，但这个人需要用四年的时间才能在临床中发现问题并知道怎样去解决它。"演说同样如此：要准备周全，做到防患于未然。比方说，上一名演说者的观点同你的观点一样，这个时候，你不得不临场修改自己的演说主题，或者是在演说之后，要认真思考该如何回答听众的提问。

如果你能尽快确定新的题目，并且进行了充分的准备，你就有了成功的基础。所以，千万别拖延到登台的前一两天才去做准备。假如你很快就确定了新题目，就要抓紧时间进行准备，可以在每天的工作间歇，来深入思索你的话题，推敲你要讲的观点。在开车回家的路上、等待公交车或者乘坐地铁时，都是你对演说材料进行梳理的大好时机。在构思的过程中，常常能够出现稍纵即逝的灵感。所以说，越早确定话题越好，这样，头脑里便会有更多的时间进行反复思考。

卡特·马克斯是位杰出的演说家，即使是面对激烈的反驳者，他也能掌控他们的注意力，最终让他们信服自己。他曾这样说道：

"对于一次关键的演说，演说者要在意念上达到同主题合为一体的境界，心中要反复揣摩如何更好地阐述主题。有一点令他自己都感到吃惊，那就是，他发现自己就算在街上散步、看报纸、上床休息，或在做一些琐事的时候，也能找到许多有价值的演说素材，即使在台上应有的神情姿态也都能涌现在脑海中。"

对于演讲者来说，一场平淡的，听众没有一点反响的演说，肯定是失败的演说，这种失败与其说是由平淡无奇的素材所引起的，不如说是由于演讲者没有对演讲材料进行提炼所致。

当你身处此种情境时，会产生强烈的表现欲，这时，如果你还在想着怎样将要说的话写下来，肯定是行不通的，而一旦你把要说的内容都写在了纸上，你就会感到一阵满足，接下来你就不会再继续思考，结果是，你再次出现在台上时，还会重复着上一次的噩梦。还有一种结果是，你会背诵写下的演说稿。马克·吐温曾对背讲稿做过这样的评论：

"写在纸上的文字是不宜直接拿来演讲的，因为它们是模式化的、不生动的，不适合做较为灵活的口头表述。假如你演说的目的是为了让听众满意，而不是想要劝导他们有什么行动，那么必须让你的演说有清晰恰当的分段，以及适合口语表达的特点。此外还要注意选择那些可以顺口而出的词语。不然的话，听众将会被你烦死，还谈什么满意！"

世界知名的大公司美国通用汽车公司的巨大发展离不开查尔斯·吉德利的伟大发明，同时他也是美国最杰出、最真诚的演说家之一。当他被问及每次演说时是否会事先把演说内容写下来时，他是这样回答的：

"正是因为我每次都感到自己演说的内容十分重要，所以我绝对不会把它们写在纸上。如果非要写的话，我只会把自己毕生的经验写进听众的脑海里，刻录在他们的情感里。而对我来说，用来感动听众的演说讲稿只是白纸一张，没有任何用处。"

步骤3：用故事和实例充实你的演说

华为·鲁比写过一本关于写作技巧的书，书中有这样一句话："只有故事才能让人在阅读时有快感。"接着他以《时代》《读者文摘》杂志为例，证实了自己的这一说法。他说，这两份颇有影响力的杂志所采用的稿子几乎都是叙述性的文字，或者是能够吸引读者注意力的风趣轶事。

在演说中采用叙述故事的表现手法，也能极大地吸引听众的注意力。诺曼·文森特·皮埃尔通过电视机和电台的授课，已经是家喻户晓，并深受广大听众的喜欢，他说，他在每一次的演说中都会采用实例来证实自己的看法。有一次他在接受《演讲季刊》记者的采访时说："根据我的经验，使用真实的事例是让演说获得成功的最有效的方法。它能够使你的观点明确、生动，并具有说服力。"

一般来说，我要证明一个论点，总要通过好几个实例来证明。读过我的作品的人，都会发现我喜欢使用生动具体的事例来论述我的观点。假如对《友谊的秘密》一书的观点进行特别表述的话，你会发现写不满两页纸，而其余几百页的部分则都是用来说明它的故事和案例，它们能够引领读者将那些原理与实际有效地联系起来。

那么，要怎样采用事例来论述你的观点呢？这里，我们可以提供五种方法：人情味、有特色、具体化、戏剧性和视觉感。下面我将逐一进行讲解。

方法1：说话要有人情味

有一次在法国，我邀请在那里经商的一群美国企业界人士以"成功之路"为题目发表演说。他们中的大部分在演说中所表述的都是关于自己如何成功的经历，比如，自己如何努力工作，如何坚持，如何树立远大志向等。

因此，我在中途让他们做了一些调整，并讲了下面的一番话：

请记住，谁都不愿意听别人说教，演说时要让听众产生愉快的心情，你如果对此一无所知，那么你的演说将没有听众。还要知道，如果想让你的听众富有兴趣的话，一定要让你的演说富有趣味性，比方说可以讲一些名人轶事。同时，你要善于向听众讲述你所认识的两个人的不同经历，还要告诉他们为什么最后其中一个成功了，而另外一人却失败了。这样才会引发听众继续听下去的兴趣，在他们饶有兴致倾听的同时，还能从中获得启发。

在另一期培训班上，有一位学员一直怀疑自己是否具有在演说中激发听众的兴趣的能力。然而，就在当天晚上，他明白了讲故事这种叙述方式的好处，向我们讲了他的两个大学同学的事例：

其中一个同学天生内向心细，如果他要添置一件衬衣的话，他会去不同的商店比较，还要做详尽的统计，用来对比不同衬衣在洗熨、抗磨方面的情况，并以此作为下一次购买的原始依据，争取让每一块钱都花得有价值。他的空闲时间都用在了计较鸡毛蒜皮的小事上。

大学毕业之后，他眼高手低，不愿像别人那样从底层的职位干起。三年之后的一次同学聚会上，他发现多数人已经升职提薪，只有他还是老样子，他仅有的成就是，自己的衬衣洗熨统计表更具体了。在之后的25年里，他依然愤世嫉俗、怨天尤人，所以直到今天，他还在一个小职位上，每天做着同样的事情。

然后，这位演说者又用另一个同学的成功事迹来做比较：

他的第二位同学毕业后，大致实现了自己制定的前期目标，同时在此基础上又获得了更好的成绩。这位同学为人很随和，人际关系很好，同周围的人相处十分融洽。虽然大学毕业只是做了一个绘图员，但他胸怀大志，有干一番大事业的雄心，所以一直在努力，一直在等待机会。当他听说当时纽约世界博览会的筹备工作需要工程人才，于是他便辞掉了费城的工作赶往纽约。在那里他同其他人合作，并承包业务。他们承揽了很多电话公司的活。最后，这位同学也因在"博览会"上的优秀表现而找到了一份更理想的工作。

在他的陈述中，还有很多有趣且充满人情味的细节，他的演说生动有趣。他滔滔不绝地演说着，这个一度曾因找不着合适的素材而在演讲台上说不到3分钟便卡壳的人，如今却滔滔不绝地演说了10分钟。事后他自己都觉得十分惊奇。由于演讲非常精彩，听众们听得非常入神，演讲结束后依然意犹未尽。那是他第一次真正的成功演说。

我相信每个人都能从这个故事中得到启示。演说者如果能借助生动有趣的具有人情味的故事，就一定能吸引住听众。记住，在演说中一定要让主题简单明了，用具体的事例做主要的素材。这是让听众产生兴趣的不二法门。

你要知道，只有自己亲身经历的生活才是最可信最能吸引人的，也是取之不尽的源泉。不要害怕谈论自己，不要因为自己的经历特别而羞于说出来。只有那些自命不凡且轻视别人的人，才真正让人感到反感。你的真诚会得到听众热情的回报。要知道现身说法才是演说过程中最有力的武器。

方法2：列举具体的人物和事件

如果你需要在演讲中引用真人真事作为你确立主题的主角，那么我建议你最好要说出姓名。考虑到他们的隐私及人身安全，即便你不用他们的真名字，也应采用类似"史密斯先生"或"汤姆"这样的普通名字，比用"这个人"或"某个人"更有真切感。

姓名具有识别的功能，就像阿道夫·富利奇所说的："没有什么东西能比姓名更能增添故事的真实度了，你所讲述的故事连人物姓名都没有，有谁会相信这是真的呢！"

试想一下，假如你在演说中提到的人物不但有完整的姓氏名字，还有具体的事实，那么，他们的形象也会在听众的脑海逐渐清晰起来，并相信发生在他们身上的故事的价值，因为你的演说已具备了珍贵的、趣味十足的个性化因素。

方法3：细节使演说更为充实

提出这个建议后，你也许会想："这确实是个好主意，但问题是加入多少细节才够呢？"对此我们可以检验一下。检验的方法就是，看你要说的演说词中是否具备新闻记者所写的报道新闻中的"五要素"，即：时间、地点、人物、事件、原因。如果你举证的五要素齐全，那么你讲述的故事必然会生动有趣。《读者文摘》上有一篇这样的文章：

> 大学毕业的头两年，我在南加州铁甲公司做推销员工作，四处奔波。运货车是我四处奔波工作的老朋友。有一天，我要乘坐南行的火车离开勒德费尔。因为勒德费尔不在我的推销范围之内，所以按约定我无权在这里进行推销活动。而且还有不到一年的时间，我要去位于纽约的"美国戏剧艺术学院"学习去了。现在离火车发车还有两个小时，我准备利用这两个小时的空闲来锻炼一下自己的表达能力，于是我在月台上抬头挺胸，开始一个人表演莎士比亚戏剧《麦克白》中的一个片段。我伸出双手，神情夸张地呐喊："在我面前的是一把匕首吗？它的柄正朝着我！来吧，让我抓住你：我不能握住你，但我一直盯着你呢！"
>
> 我确定此时我真的沉浸在剧情中了，突然间有四个警察向我冲来，问我为什么要恐吓妇女。我感到很惊讶，那表情好像他们在指控我劫持火车。警察告诉我，百米以外的一

个厨房里有位主妇正隔着窗帘看着我，被我刚才的举动吓到了，于是打电话报警了；而闻讯而来的警察正好赶上我在歇斯底里地跟匕首对话。我极力地向他们证明，其实我只是在排演"莎士比亚戏剧"的片段而已，但直到我掏出铁甲公司的订货簿才洗清了我的"嫌疑"。

请留意，这则小故事是怎么处理"五要素"的。显然，无论有多少枝节也不如一棵光秃秃的树。人们很厌烦纷杂无序、脱离主题的细节。留心观察，你会看到，上面例子中作者在述说自己在南加州某镇遭遇尴尬的过程时，简单明了地介绍了事情的五要素，如果演说中充斥了过多烦冗的枝节，肯定会分散听众的注意力，讲得越多听众越厌烦。被听众漠视是演说的最大失败。

方法4：用对话让演说更具戏剧性

如果你想通过举例来说明自己是如何利用与人沟通的技巧，成功地平息了一位顾客的愤怒时，你可能会这样说：

几天前，有位顾客怒气冲冲地闯入我的工作室，原因是一星期前他购买的工具已不能使用。我对他保证说："我们会尽心尽力为您做好售后服务。"过了一会儿，他的情绪稳定了下来。同时他也看到了我们帮他解决问题的诚意，觉得非常满意。

演讲三要素：演讲、演讲者和听众

应该说这个小故事有它的优点：叙述详细。但不足的是，它没有使用人物姓名，故事中也缺少真实灵活的对话。现在，依照上边的建议整理一下：

上个周二，只听"咣"的一声，接着，一个人撞进我的工作室。我一抬头，看到了坦布尔·古丁那张因愤怒而扭曲的脸。他是我的老客户。我正准备请他坐下，他已经发疯似的大声对我咆哮："马卡，我请你马上派车把你那倒霉的洗衣机搬出我的地下室！"我问他发生了什么事情，他因为过于愤怒，结果好长时间都不能理顺他的语言。

"它根本就不是在正常运转，"他大声吼道，"衣服全被绞在一起，它唯一的功能就是把我的老婆气得抓狂。"我请他坐下来，解释一下具体的情形。

"我上班已经要迟到了，没工夫跟你多啰嗦，以后不管怎样也甭想让我来你们这儿买东西。我向你保证，我再也不会犯这么愚蠢的错误了。"他边说边用手拍着桌子。"听着，马卡，"我对他说，"无论发生了什么事你也要坐下来，把详细情况告诉我，我保证一切都照你说的去做，可以了吧！"听了这话，他才坐下来，最终我们心平气和地解决了矛盾。

有一点必须强调一下，并不是所有的演说都要加入对白。你应该能够察觉到，上面引文中的对话，颇具戏剧效果。如果演说者还有些模仿的天赋，能够再现当事人的语调神情，那演讲的效果肯定会更好。

另外，如果你引用的对话是来自于日常生活中的，那你的演说会更加真实，听众会更为信服。演说者应该给听众这样一种感觉：自己就是桌子对面的交谈对象。演说者不能像在学员前说教的学识渊博的老师或长者，更不能自认为是大演说家，自以为很了不起，讲起话来目中无人。

方法5：让演说呈现视觉化的效果

心理学家的研究成果告诉我们：百分之八十以上的信息是由人的视觉神经传送到大脑的。广告商们之所以如此青睐电视这种视觉媒体，正是看中了它的传播效果。公共演说的效果也是这样的，它是听觉艺术与视觉艺术的结合。就充实和丰富演讲内容来讲，最好的方法就是使用视觉刺激。就算你将高尔夫球的挥杆技巧讲解好几个小时，听众仍然会不知所云，或丈二和尚摸不着头脑。假如你能亲自示范一下如何将球击入球洞，可以肯定，听众立马会来精神。同样，假如你伸直双臂模拟飞机在空中摇摇欲坠的情形，听众同样会产生飞机是不是要坠毁了的担忧。

记得我们所开设的培训班中，有一个是专门为制造业界人士所设立的。有一次，培训班举行演讲比赛，其中有一位演讲者展示出的视觉刺激效果十分理想，让我至今难忘。他模仿他们对受损的机器进行检查修理时的动作，让人忍俊不禁，我还从来没有在电视上看到过这么生动有趣的画面。这种视觉效果即使时隔多年，仍让我记忆犹新，至少对我来说情况如此。我相信，班上其他学生对这一幕也都难以忘怀，并会经常提起它。

现在给大家提供一个好方法，在演讲前问问自己："如何才能让我的演讲充满视觉刺激！"然后尽可能地去展示，毕竟，百闻不如一见。

步骤4：用细节打动人

演说者登上演讲台的首要目标就是引起听众的好感。为了实现这一目的，把握下面这个技巧非常重要。但初学演说的人对这个技巧根本都不会留意，更不会想到要去利用它。我所说的技巧就是利用文字在听众脑海里勾勒出一个画面。一个能成功博得听众青睐的演说者，也一定能够在听众心中制造出图像来，使听众在倾听的同时看到它并完全理解它。

说那些单调、缺乏趣味、枯燥的字词，只能使听众昏昏欲睡，也是在浪费时间。一定要想办法在听众脑海描绘出一幅幅画面、优美的画面、感动的画面！给人以激励的画面给听众的感觉，就好像呼吸氧气一样轻松自如，让它们装点你的演说，你的演说会更加富有趣味和魅力。

宾塞·罗伯特在他的著名论文《风格的学问》中提到美妙的文字是可以在读者的脑海中制造出画面的，他是这样论述的：

我们不习惯于像数学家那样做抽象思考，而是习惯于像普通人一样通过具体形象来想问题，我们要尽量不要让句子中出现诸如"如果一个民族的习俗、性格及生活方式是野蛮未开化的，那么他们对人的处置也必定是残忍的"这样的文字。

同样主旨的阐述，我们这样表达效果更好："一个国家的人民如果喜好战争、斗牛，并习惯观看奴隶与角斗士的玩命厮杀来获得乐趣的话，那么他们对人的刑罚也必将是残酷的，如：拷打、炮烙及绞刑。"

在莎士比亚的作品中，这样的例子随处可见，只读一遍就会让人产生深刻的记忆，而且会引起相应的联想。那么，莎士比亚是怎样描写的呢？

他笔下的文字如诗如画一般给人以美的感受："……给已千锤百炼的纯金镀金，给百合花涂抹色彩，给紫罗兰喷洒香水。"

不知你们是否同意这样的结论：凡是流传千古的文字，几乎都是有画面感的。

一鸟在握，强过二鸟在林。

不鸣则已，一鸣惊人。

马如果临水自己不喝，任何人也拿它没办法。

而那些在今天仍经常被我们时常引用的古人所著的文献，也同样具有画面感。

像狐狸一样狡猾。

僵硬得如同一块冷石头。

呆板得如同一张薄煎饼。

像岩石般坚硬。

　　前美国总统林肯讲话总是充满画面感。白宫办公桌上每天都会有很多官方文件，而他如果觉得厌烦，就会提出反对意见。即便只是很普通的反对意见，他的言语也会让听者听起来颇觉与众不同，让人难忘。"当我派人去买马时，"他这样说道，"我不愿意听到他耐心地告诉我这匹马的尾巴上长有多少根毛。我只想了解马的特征。"

　　生活实践告诉我们，只有你的眼睛看到具体的形象的事物，你才可能在脑海里勾勒出栩栩如生的画面，鲜明得就像在夕阳辉映下的鹿的犄角。例如，当人们听见说到"狗"这个动物时，脑海中就会出现狗的大致的样子，它可能是长毛短腿的，也可能是短毛长腿的，总之，它会是一条狗而不是别的什么动物，因为它在我们的脑海里的具体形象是狗，而不是马或者老虎。这就是演说者用具体形象作为表现演说主题的重要性。说"一匹浑身黑色的雪特兰小马驹"比说"一匹黑马"要形象；说"一只白色的跛腿矮公鸡"必然比仅仅说"一只鸡"能给人更为准确逼真的印象。

　　小威廉·思特朗在他《风格的要素》一书中这样写道："凡是优秀的文学家，他们必定有一个共同的特点：擅于吸引读者的注意力，叙述详尽、具体、清晰。比如像荷马、但丁、莎士比亚等最杰出的作家，他们的过人之处，基本在于独特的取材和出色的表达能力。他们的描述能在读者的心中产生画面。"在这方面，写作和演说有着异曲同工之妙。

很多年前，我曾经做过一项测试，对象是"卓越演讲"培训班上的学员，测试的内容是：要求他们在讲话时，保证每一句话都要表达确切，具体说，每个句子中都必须包含一个事件，或者一个专有名词、具体数字或日期。测试的结果非常成功。

对此，我的总结是，学员们把这项测试当作游戏，情绪非常放松，他们相互鼓励，不让对手出错。很快，学员们的表达不再含糊，不再让听众觉得摸不着头脑，他们的演说变得就像与邻里之间的交流那么融洽和生动。

法国哲学家埃兰曾说过："抽象的语风并不受欢迎，你的言谈中应该有石头、人物、桌椅、动物和快乐等这类涉及具体的事物的生动的词汇。"日常交流也是如此。普通的交谈中，也会涉及我们前面所介绍的有关在公共演说中要使用的细节和技巧。

演讲的实践让我们得出这样一个结论：细节能够让语言熠熠生辉。你若是希望自己的言语具有魅力，那么你认真地阅读本章内容，并遵循本章中的建议去实践，一定会让你大获裨益。

从注意细节中受益的销售员能够发现，正是这些建议给他们的推销带来令人惊讶的效果，那些部门主管、家庭妇女以及教师们也将会发现，注意这些演讲的细节，会让自己的表达能力和传递信息的技巧都有显著增强。

让演说者充满活力

第二次世界大战刚结束不久，我和罗威尔·托马斯在伦敦开始合作。那时他正在伦敦做题为"阿拉伯的劳伦斯"的系列演说，因演讲非常精彩，场场听众爆满。一个周日，我来到了海德公园大理石拱门入口。在这儿，任何一位演说者都有权利谈论自己不同的宗教信仰、政治倾向，而不会因此负法律责任。我先看到的是一个天主教徒在人群中大肆鼓吹"教皇绝对论"，后来我挤到另一堆人中，看到的是一个社会主义者在谈论对卡尔·马克思的看法，而另一个演说者则在那里为一夫多妻制做辩护！

等我离开那里，再回头看那三群人时，发现一个有趣的变化：在听那个吹捧一夫多妻制演说者的听众已寥寥无几，他们正逐渐朝另两个演说者的周围聚拢。

这让我很是疑惑，难道是人们对他的题目不感兴趣？仔细观察之后我发现，发生这种变化的原因其实在于那三个演说者本身。极力鼓吹一夫多妻制的人，看上去好像对男人三妻四妾的事并不怎么感兴趣，而另两个演说者的表现与其完全不同。他们提到自己所主张的观点时就像布道一样充满虔诚，他们舞动双臂、充满激情。在演讲中流露欢快的姿态，这让他们看上去光彩照人、充满活力。我一直认为：激情、开朗、活力，是演说者必须刻意修炼的三个品质。如同野雁喜欢盘旋在秋天的麦田周围一样，人群也会围拢在充满活力的演说者身边。

至于如何才能让演说活力四射，达到吸引听众关注的程度，我想到了三条良策，我肯定它们一定会为你的演说增添光彩。

第一条良策：演讲前深入了解话题

我已在本书的前面强调了这样的观点：演说者对所选主题要予以深刻地体会。如果连你自己都对要演说的话题不感兴趣，又怎么能指望听众会相信你所说的不是胡编乱造呢？一旦你对所选的主题深入体会，并对它投入了巨大的精力，那么你就不必为在演说会出现以上的情况而忧心忡忡了。

记得二十年前，我在纽约训练班上举办过一场演讲。那次，因为演讲者所迸发的超常热情使得演讲极具震撼力，当时的场景至今历历在目，记忆犹新，应该说直到现在，我还没有再见到那样令人激动的演讲。说实在的，我听过数不清的让人由衷佩服的演讲，唯独那次演讲始终令我难忘。我将它称为"兰草对山胡桃木灰"的案例，并认为它是"热情打败常理"的一个典范之作。

有一位推销员，可称得上是推销界的高手，他就职于纽约一家非常知名的销售公司。每次演讲时，他一开口就会引起骚动，他说他不用种子和草根就可以种植出"兰草"。按照他的描述，他只需在刚刨过的地沟里撒上山胡桃木的灰烬，瞬间土地里就会生长出兰草！他执着地相信山胡桃木的灰烬真具有这种神秘的力量。

当他讲完后，我进行了点评，当时我用温和的语气跟他讲："如果你讲的是事实，你将一夜暴富，成为纽约最有钱的人，因为每蒲式耳兰草种子就要值好几美元。此外，你还会由于这项发现而成为人类历史上最卓越的科学家，因为无论是现在还是过去，你是创造这个奇迹的第一人。也就是说，此前还从来没有过用无生命的物质培育出新生命的奇迹来。"

我以柔和而平静的态度和他交谈，我认为他的观点十分荒谬且显而易见，没有必要把它当作一回事。我点评完后，培训班上的其他学员也都认为他所说的事非常的荒诞不经，而只有他本人固执己见，一点反思也没有。而且面对众学员的否定，他还站起来辩称自己说的话是事实。他的反驳并没有事实根据，只是固执地坚持他自己的无知立场罢了。但是他非常了解听众的心理，接着，他演讲的内容逐渐丰富起来，给出了更为详细的资料，举出了更充足的证据。他的语气一直都带着真诚，让人信服。

我再度提醒他："无论你怎样讲，如果你所阐述的观点没有一点科学理论的支撑，永远也不会说服力的。"

我说过这番话后，令我意外的事发生了，他立刻站起来，与我打赌，赌注是5美元，并声称要请美国农业部的专家来做裁决。而后怪事发生了，先是之前反对他观点的一些人被他说服，加入他的阵营，之后，还有很多人开始摇摆不定。看当时的情况，如果我让在场的学员举手表态的话，大多数人也会倾向于支持他。我问一些听众为何改变了自己的初衷！他们纷纷表示，演讲者如此的自信，于是他们不禁开始怀疑起自己了。

学员们如此轻易动摇自己的立场让我感到非常惊讶，而我不得不给农业部写信。我告诉他们，我是厚着脸皮在问这样一个如此荒诞，且让人颇感有些难为情的问题。不出所料，他们来信说，播种山胡桃木灰以使其长出兰草或其他植物，是根本不可能的。

同时，他们还告知我，他们在收到我寄去的信之后，还收到了另一封来自纽约的信件，问的是同一问题。原来，这封信是那位推销员写的，他为了要证实自己的观点是正确的，回家后也立马给农业部去了信，不想却得到了否定的答复。

这件事让我毕生难忘，我从中受到了极大的教育和启发：

假如一位演说者非要坚持一件事，哪怕这件事根本就是子虚乌有的，但他却极力去表达自己的看法，那么他就极有可能博得人们的同感，获得人们的支持，比如上面有人坚持种植山胡桃木灰即可让土地上长出兰草的例子。如果有了正确的推断，我们所总结归纳出来的观点又正好与真理和常识相符，那么，就能够产生强大的说服力。

应该说差不多所有的演讲者，都会为自己的主题能否引发听众的兴趣而担忧，其实解决的办法是现成的，而且是肯定有效的，那就是——自己首先对主题充满热情。这样就不用担心听众对它不感兴趣了。

第二篇

演讲三要素：演讲、演讲者和听众

不久前，我在巴尔的摩市的一个演说培训班上，听见一位学员这样提醒听众：如果现在听任而不去阻止人们在吉桑比克海湾对石鱼的捕捞，不用几年，石鱼便会灭绝。对自己所提出来的主题，他确有十分深刻的体会，这从他说的每句话流露出的真情可以看出来。其实，他在演说中提及的吉桑比克海湾石鱼，我是一无所知的，而且我相信，在场的大多数学员也对此一无所知，并且对此话题不感兴趣。然而演说者还没讲完，就有好多人准备联名提请立法机构对吉桑比克海湾的石鱼加以保护了。

有一次，美国驻意大利前大使理查德·吉尔德正在演讲，有听众问他怎样成为一位妙趣横生的作家。他回答说："我对生命十分热爱，因此我做不到让自己保持静止不动。我认为我对你们要回答的仅仅是这点而已。"碰上这样的演说者或作家，我相信你一定会被他的演说吸引住的。

我在伦敦时，有一次去听演讲。同我们一起听演讲的英国知名小说家本森先生在演讲结束时，对我们说，相比于这场演说的开头，他更喜欢它的结尾。我问他为什么要这么说，他回答道："演说者对他要演说的结尾部分好像更感兴趣，而我的兴趣和热情向来都是来自演说者的。"

下面我要举的一个例子也可以用来说明慎重选题的重要性。

有位先生，我们暂且称他为约翰吧，约翰先生报名参加了我们在华盛顿开设的培训课程。培训开始不久的一天夜里，他演说的主题是介绍美国首都华盛顿。他的素材来自一本当地报社出版的小手册。因是仓促之间凑集起来的材料，演讲内容缺乏组织和整理，一听就让人感觉很混乱，且枯燥乏味。虽然他长期生活在首都华盛顿，但却不能用自己的切身感受来说清楚他为什么喜爱这里。他旁若无人地只管在那里低头机械地背诵大段的材料，味同嚼蜡。听众听着枯燥，他自己也说得头痛。

两周以后，一件突如其来的事让约翰先生叫苦不迭。他新买的汽车停靠在路边，被一辆不知来历的汽车撞烂，肇事司机逃得不知影踪，至今都没有找到。这件事真真切切地发生在了约翰身上。因此，一说到那辆被撞烂的汽车，他就心痛不已、言辞激愤。在同一个地点，仅仅过去了两周，他又进行了一次演讲，可这次听众的反响却大不一样：上次听他的演讲，他们还坐在椅子上觉得枯燥且难以忍耐，如今他们却对约翰先生的演说报以雷鸣般的掌声。

正如我经常所强调的那样，如果一场演说的主题选好了，就等于一只脚已踏入了演讲成功的大门。在门类繁多的主题中，有一类主题注定不会失败，那就是自己所选定的而且是被自己所信赖的。因为自己对自己的生活是最有认知和发言权的，所以，你不必绞尽脑汁去寻找素材，它们往往就存在于你的记忆里。

不久前，有一档电视节目讨论关于死刑的问题，由被邀出席这个节目的人员就这个有待解决的问题进行辩论。其中，有一名辩论者是洛杉矶的警察。显然，他对这个问题已经进行了深入的思考。他有11位同事在与罪犯的枪战中殉职。对此，一种理念已经在他的头脑中深深的扎下了根：杀人必须偿命，对于有命案的罪犯一定要执行死刑。

　　他的辩论词充满感情，确信自己的观点无可辩驳。古往今来，辩论中最引人的地方就是辩论者对自己的信念坚定不移，以及其倾注出的真实感情。真诚出自信仰，而信仰则基于对演讲主题饱含的感情，以及演说者对话题立意的坚定性。巴斯卡有句名言：“公道自在人心，有理无须强辩。”我开设过数不清的培训班，我很容易就能够找出许多有力的实例来证明这句名言的正确性。

　　曾经有位来自波士顿的律师，风度翩翩、能说会道，可是他的演说结束之后，所有在场听讲的学员却一致评价说：“这家伙的演说就是哗众取宠。”他的演讲其实就是在作秀，没有一点他自己的真实感情。而另一个学员虽只是个保险公司的推销员，人长得很矮小，相貌也平平，演讲中还时常有停下来思索的情况，但就是如此不起眼的一个人，在他演说时，台下的听众都相信他表露的是自己的真实情感。

　　如今，距离前美国总统林肯遇刺身亡已经有100多年了，然而他的伟大功绩，他的机智幽默及真心诚意的待人方式依然让人印象深刻。应该说，律师出身的林肯在叙述法律知识方面，能力和他同一时代的许多律师都差不少。他的演说也并不都是那么的精致、流畅和优雅，但他在葛底斯堡与华盛顿国会台阶上所发表的演说，在历史上却堪称绝美，几乎无人能超越。

　　一个朋友曾经对我说过，任何事情都很难提起他的兴趣，也许你不会感到这种说法没有什么特别之处。但我对他的这种生活态度多少有点惊讶，于是我善意地告诉那个人：“要让自己忙碌起来，至少要让自己对一些事情感兴趣。"

"什么事情呢？比如说……"他这样问道。

我随便向他提了一个："例如鸽子之类的。"

"鸽子？！"这让他感到很惊讶。

我对他说："对，是鸽子！你去广场就可以看到它们，你可去给它们喂食，去图书馆查阅同它们相关的资料，下次再轮到你演说的时候就可以讲述它们了。"

他按我说的去做了。等他回到培训班时，他完全像是变了一个人似的。他以养鸟者所特有的热忱，滔滔不绝地谈论鸽子。我想打断他的话，却发现自己无能为力，因为他此时俨然是一位向听众介绍鸽子历史的专家，他的演说是我所听过的最生动的演说之一。

现在，我再提一个建议，就是演讲前要尽一切努力去深入地了解你认为最好的话题。你对一件事情知道得越多越详细，越会产生浓厚的热情。怀西特是一位王牌推销员，他在自己写的《推销的五条原则》中告诉推销员，不管怎样，都要对自己所推销的产品有一定的了解。怀特说："越认真了解一个商品，越会对它产生耐心和热忱。"

这个道理与演说相比较，即可用"万事一理"来形容，对演说题目所涵盖的内容知道得越多，你对它们也就越有热情。

第2条良策：对话题怀有满腔热情

假设你准备跟大家讲述你与警察之间的故事：由于超速驾

驶，警察迫使你把车停下。如果你想以一个旁观者的身份来述说这个故事，不是不可以，但毕竟第三者是无法洞察你心里的感受的，诸如警察开罚单时你心里是如何想的——你不说出来，别人根本不得而知，所以，如果你能再现当时的情形，并说出当时的感受，那么，无疑你的演说最能打动人。

我们之所以时常去看话剧电影，原因之一就是想要看到真情的流露。我们经常怯于当众表达自己的情感，所以通过看话剧和电影来让这一需要得以满足。因此，在公共演说中，你投入多少感情，就能显现出多大程度的真诚。

不要压抑和扼杀自己的诚恳，也不要刻意地去控制自己情感的流露。要让听众知道，你对自己的话题是怀有满腔热情的。这样，听众才会集中精力听你的演说。

第3条良策：表现出你的激情来

当你登台演说时，心中要充满自信，并把看当作是自己正在去摘取成功的果实，而不是无奈地去接受惩罚。大步流星地上台在很大程度上可能只是一种给自己打气的表演，但它却有十分不错的效果，也会给听众一种你有一肚子的话想倾诉的感觉。

演说将要开始的时候，做一下深呼吸，昂首挺胸，演说时身体不要倚靠其他任何物件。你应该相信，这次演讲的目的是为了给大家述说一些有意义的事，此时，你的全身每个部分都应向大家展示这一点。现在你是整个会场的主角，正如威廉·詹姆士所说的那样："起码要表现出来好像真有这么回事。"你要力争把全场的氛围都活跃起来，让大厅的后方也能听到你的声音，如果你能再辅之以手势，势必能让所有听众为你而喝彩。

唐纳德与埃里诺·雷尔德共同提出一项原则，叫做"激发我们的反应"。对于心灵感觉而言，这项原则可以适用于任何情形。在他们两人共同撰写的《有效记忆的窍门》一书中，这样叙述老罗斯福总统：

一生欢声笑语，不管何时都激情澎湃、精力充沛和满腔热情……这都是他的特点。他处理任何事情时都是怀着浓厚的兴趣，甚至全身心投入，忘记了自己的存在，起码看上去是这样的。

老罗斯福总统很好地诠释了威廉·詹姆士的哲学："满怀激情，这样自己在做任何事情时，都会自然而然地表现出激情。

总之，请记住这句话：想要表现出激情，你才会有充满激情的表现。

让听众享受自己的演讲

拉塞·康威尔博士闻名遐迩的演讲词《你家后院藏有钻石》曾破天荒地发表了6000次。也许你会说，重复地演讲了这么多次，内容肯定早已被演讲者刻录在脑子里了，一词一句都不会忘了。

而事实正好相反，康威尔博士清楚，每一个听众都是独一无二的，所以，每一次演讲，他都要让听众觉得自己的演说是独一无二的，自己所做的一切准备都是为了一次全新的演讲。正因为如此，他的每一次演讲都能成功地把演说者、演说词、听众这三者之间很好地联系起来。康威尔博士这样写道："我在一个城镇演说之前，总是尽可能地提前到达那里，去探访一下邮电局局长、饭店老板、理发师、学校校长等，接着进入商店同人们聊天，了解一下他们的过去以及对未来有什么期待。最后，我演说的主题正是当地人所关心的事儿。"

康威尔博士非常了解广大听众的心理和期待。他认为一个演说是否成功，要看演说者有没有很好地将听众的关切体现在演讲中。这也是人们每次听过他的演讲后，都感觉没有重复的原因。

凭着自己不懈的努力及对人性的洞察和了解，康威尔博士就同一个主题演讲了近6000次，却从来没有重复过一次。从这个例子中你应该得到启发，并把自己的整个演说视作"从头到尾都是为特殊的听众准备的盛宴"。在此，介绍几个简单实用的窍门，可以使你与听众之间的关系更为亲密。

演说人们感兴趣的

康威尔博士正是这么做的。他非常希望让自己的演讲内容更多地融入当地人的意念中。听众之所以对此感兴趣，正是由于他的演讲内容与他们有切身的关系——同他们的诉求和遭遇有关系。最能吸引听众注意的往往是与他们密切相关的事。如果你这样做了，定会吸引听众的注意力，并与他们进行畅快的交流。

演讲几乎成为美国前任商业协会会长、现任电影协会会长埃黎科·休斯顿工作内容的一部分，而在每一场演说中，他都会使用这一技巧。在参加俄克拉荷马大学的毕业典礼时，他在演说内容中巧妙地融进了当地人们感兴趣的东西，因此，不但他的演说受到了当地听众的极大欢迎，而且他本人也受到当地人的追捧。让我们来看看他是怎么做的：

在场的俄克拉荷马的女士们、先生们：你们肯定知道那些喜欢以讹传讹的造谣者。就在前不久，他们还信口开河地说什么俄克拉荷马州是一块鸟不拉屎、鸡不生蛋的不毛之地。

有一则天大的笑话说：在20世纪30年代，所有的乌鸦在相遇时都会提醒同伴们说：要到俄克拉荷马去吗？那你们一定不要忘记带够了干粮。他们还自以为是地造谣说，俄克拉荷马用不了多久就会变成美洲大陆无法居住的荒漠。可是，事实却给了他们一记响亮的耳光，自从40年代以后，俄克拉荷马就变成了人间天堂，百老汇的歌中这样唱道："雨后天晴，微风拂面，吹来稻香。"

只是十年不到的时间，这个曾经经常遭遇旱灾、寸草不生的地方，如今出现了一眼望不到边的大片的玉米地，玉米高得都能淹没大象的身躯。

是自信让我们取得了成功，当然也归功于我们事先对各方面可能出现的不利情况的预判，我们坚信，无论昨天是什么样的情况，在我们这个年代，所有美好的愿望都有可能变成现实。

甚至为了准备这次演说，我还翻阅了1901年春季出版的《俄克拉荷马日报》，我希望能够从中查找到50年前的对我有用的一些事例。最后，你们猜我发现了什么？我发现了自己梦寐以求的东西——俄克拉荷马的未来发展蓝图；同时我也发现了更重要的一样东西，那就是希望。

这是一个将听众兴趣灵活地融合于演说内容的最好的范例。埃黎科·休斯顿与众不同的演说吸引了听众的注意力，所以他们听得非常入神。

这种演说，因地、因人而异，所以不会给人以重复、厌烦的感觉。

演说前你们也不妨问问自己：我要演说的主题是不是也与听众密切相关？对他们排忧解难有没有帮助和启发？是否与他们实现理想的期盼产生共鸣？

如果你能想到这一点并照此去演讲，必然会吸引听众聚精会神地倾听。如果你是个会计，你的演讲可以这样开始："现在我会向你们介绍怎样节省50到100美元的方法。"如果你是律师，你可以对你的听众这样讲："听我的演讲，你们很快就知道生前如何将遗嘱写好。"这样，肯定会吊起听众的胃口。也就是说，在你所精通的专业知识里，找出能让听众受益的话题，并让他们成为你忠实的听众。

英国报业大亨诺斯格利夫爵士曾被问及：到底怎样的话题才能激发听众的兴趣？他直截了当地回答道："听众自己。"事实上，他也是利用这个简单的方法成为报业巨头的。

有一位知名的哲学家，曾在其所著的一本书中把人的兴趣解释为"一种来自自然且最被恩宠的思想"。他还解释说："兴趣决定我们意识的思索路径，而这个'路径'取决于我们的期望或担忧，由我们的本能和欲望变成现实或化为泡沫来确定，由我们的爱、憎、喜、恶、恨来确定。"

是的，这个世界上难道还有什么比我们自己更能让自己产生兴趣的吗？

有一次，我们在培训班的最后一课上举行了场宴会，一位来自费城名叫华莱士的学员当时做了一次演说，他的演说之所以很成功，关键在于他一个接一个地介绍当时在座的学员，讲他们刚参加学习时是怎么讲话的，讲他们通过学习之后是如何逐渐进步的。他回忆每个学员所做过的演说，曾经讨论过的每个话题。他在演说中还夸张地模仿一些同学的动作，使得整个会场变得欢乐起来。选择这样的素材，他的演说不可能不成功。这个世上还有什么话题要比听众自己更能吸引他们的兴趣呢？应该说这位学员已经真正掌握了如何去抓住人性的特点进行演讲的技巧。

多年以前，我为《美国杂志》写了一系列的文章，因此有幸与当时正负责该杂志"人物逸事"一栏的主管约翰·希德达进行交流。在交流中，他毫不隐讳地对我说，人性本恶，人们在任何时候都会把注意力全都放在自己的身上。他说："比如，对政府是否应该把铁路收为国有没有人特别在意，多数人一门心思追求的只是升官之道，如何才能够得到更多的收入，怎样才长生不老。如果我是这个杂志的总编辑，我要告诉读者的是，他们应该如何去找工作，怎样做清洁，怎样在炎热的夏天注意防暑，怎样保护牙齿，怎样去管理所雇用的职员，怎样去购买到廉价的房子，如何去增强记忆力，怎样避免犯语法错误，等等。"

"人们一向都有爱听他人故事的习惯，因此我会邀请一些商界巨头说说他们是怎样利用投资房地产而赚取数百万美元的，我还请一些知名的银行家，各大公司的CEO，让他们谈谈自己是怎样从底层的职员经过不懈的努力而成为公司总裁的。"

没过多久，希德达真的担任了《美国杂志》的总编辑。刚上任时，杂志的发行量并没有发生大的变化，因为它还算不上是一本优秀的杂志。对此，希德达马上依据自己的设想进行了一次改革。杂志因此会有什么样的变化呢？读者对于这本杂志又有了什么样的反应呢？结果正如希德达所意料的那样：杂志的发行量一路狂飙，从最初的发行20万份涨到30万，最后到50万份，似乎还要涨下去，为什么会这样呢？因为它要告诉读者的正好是广大读者非常感兴趣的。不久，杂志发行量上升到100万份，接着是150万份，最后飙升到200万份。还没有看到要停下来的迹象，果然，后来月发行量又继续上升了好几年。这一切都是因为希德达满足了读者的阅读需求。

对每个演讲者来，上面这个案例都有一定的启发意义——在以后的演讲中，先想一想听众最希望听你说什么，这是演讲的前提，即要找到和他们密切相关的话题，这样他们才会产生兴趣。如果演讲的内容不符合听众的口味，在场的听众很快就会变得兴趣索然。他们会不停地看表，虽然坐在那里没有走——完全是出于对演讲者的尊重，但演讲对他们来说已经是可听可不听了。

给予诚恳的赞美

听众是由许多个体构成的，听众的个体反应很多时候就代表了整体的反应。如果演讲者不留情面地批评或影射听众，肯定会引起他们的愤怒。如果你赞美听众曾经做过的，确实值得赞扬的事，那么可以肯定，你与听众之间心灵相交融的大门是敞开的。

要做到真正的交融还得动一番脑筋。千万不要言过其实，或是露骨地讨好，比如"在座的是我见到过的最聪明的听众"这一类的话，再愚蠢的人也能听出来是在哗众取宠，这样的话只会让人对你更加反感和厌恶。

大演说家希尔·卡斯顿说过：一个优秀的演说者一定要告诉听众一些与他们相关的事情，这些事情他们可能不知道，而你却是很清楚的。举个例子来说，近期有人打算在巴尔的摩市的济沃尼俱乐部进行演说，可演说者费尽周折也没有找到一点关于该俱乐部的特殊素材，仅仅知道从该俱乐部曾经走出过一名国际会长和一名国际董事。而这些早已尽人皆知，并不是什么新鲜事。可他还期望着凭此给听众创造一个惊喜，于是开场时他这么说："在巴尔的摩济沃尼俱乐部活跃着十几万个会员。"

会员们正集中精神地听着，可听第一句就发现不对劲，济沃尼俱乐部在全世界只有2897个，而一个俱乐部怎么会有这么多人？说到这里，演说者话锋一转，接着说：

各位对于我所提及的数据可能有些疑问，可这一数字是有根有据的。据统计，贵俱乐部成员总数远远不止1万或者2万，准确数据是101998人。

我的计算是有依据的！大家都知道，目前全世界只有2897个济沃尼俱乐部，而在它的历史上，曾经出过一名国际会长与一名国际董事。依据统计概率，无论是哪一个济沃尼俱乐部，要想同时出一个国际会长和一个国际董事，它的比例是1比101998。这是有充分理论依据的，答案应该没有错。

现在我们姑且不说它的答案是不是真的没有错，光就这类话来说，态度显得十分诚恳，这没有什么错。演说没有诚心，可能会骗过一些人，但你却永远欺骗不了所有的听众，比如"极其聪明的听众""这些霍霍柯斯的英雄和美人""来到这里我感到很高兴，因为我爱你们在场的每一位"。这些话让人感到虚伪，所以还是不说为好。

将自己与听众融为一体

一旦你开始演说，就要尽可能快地与听众融为一体。如果你感觉受邀来演讲很荣幸，那就将你的心里话说出来。前英国首相豪洛特·迈克米勒在印第安纳州的盛百大学向毕业班发表演讲时，他的开场白是这样的：

> 听了各位为我作的欢迎致辞，我十分感动，非常感谢贵校能给我这个珍贵的发表演说的机会。但有一点我非常清楚，各位的盛情邀请并不是因为我是英国首相。我的母亲来自美国，生在印第安纳州，而父亲则是盛百大学第一届毕业生。

他说，我为能和盛百大学有如此深厚的渊源而感到骄傲。接着，迈克米勒谈到了美国学校，以及他父母所熟知的美国生活方式，这样他立刻就同听众建立了非常和谐的互动关系。

另外还有一种有效的沟通方法：抓住合适的机会，直接喊出听众中一些人的姓名。一次，在一个宴会上我刚好坐到了当天主讲人的身边。那个主讲人利用用餐的时间不断地打听一些人的姓名，这让我感到很疑惑。在整个就餐过程中，他一直都在询问宴会主办者，那个穿蓝色西服的先生是谁，那个戴着缀满花朵的帽子的女士又该怎样称呼。等到他离开座位进行演讲时，我立刻明白了他为什么要问这些人名字了，他十分巧妙地将了解到的听众的名字融入自己的演说中，在演说中，被提及姓名的听众个个兴高采烈，就连我也能觉察得到。他这么一个不起眼的做法，绝对可以为演说者赢得听众由衷的好感和信任。

美国通用动力公司总裁小弗兰克·佩斯曾在演讲中也利用了这一技巧，并使得他的演说收到了意想不到的效果。在纽约举办的一年一度的"美国生活宗教协会"晚宴上，他做了这样的演说：

我有幸在这里演说，我非常想说的是：这是一个让人兴奋而又有着非常意义的夜晚。首先，这里有我的教父罗伯·艾波亚先生，他的一言一行已经成为我和我的家人，同时也是这里所有人的一种自我勉励的榜样。其次，在场的路易·斯特劳斯和鲍伯·史蒂文森二位先生对于宗教的热情，已经发展到对整个公共事业的关心，这让我由衷的敬佩，能同你们一起共度晚宴，我感到无比的荣幸……

在这里需要留意一点，如果你在演讲中准备提及一个陌生人的姓名，尤其是刚打听到的，为了保证不出意外或产生误会，你要先想清楚自己为什么要提到这个名字，以及怎样提出来才显得不唐突。

此外，在演说时要能很好地吸引听众的注意力，还有另一个办法——如果运用得好也可以收到很好的效果，那就是使用第二人称"你"。使用这一方法能够让听众一直保持一种感同身受的状态。在前面我们已经讨论过这一点，演讲者要想让听众的注意力集中，并对自己的演说表现出极大的兴趣，就不应忽略这一点。我们在纽约的培训班里，有一位学员曾做过一次题为《硫酸》的演说，这篇演说的精彩之处就在于，演说者非常巧妙运用了第二人称的技巧，现引用以下几段：

生活中我们在谈及液体的量的多少时，习惯上都是用品脱、夸脱、加仑或桶等作为计量单位的。我们经常说，多少夸脱酒、多少加仑牛奶及多少桶蜜糖。在探测到一处新的油井之后，我们在报道它的产能时，也是用每日的产量是多少桶来做计量单位的。然而，有一种液体，生产和消耗它的数目如此之大，以至于必须用"吨"作为它的计量单位，这种液体便是硫酸。

硫酸不只是用作工业原料，而且同我们的日常生活也密切相关。如果没有硫酸，你的汽车将不能行驶，你出行只能像古时一样骑马或坐马车，这是由于没有硫酸，就不可能提炼出煤油和汽油。无论是你书桌上的台灯、客厅上面的吊灯，还是道路上为行人照明的路灯，所有这些灯都得依赖硫酸，没有了硫酸，它们就只能是些摆设。

现在，人们离不开自来水，由此也离不开水龙头，你可知道你所拧的是一种镍质的水龙头？在制作镍的过程中，同样离不开硫酸；制造你的搪瓷浴缸要用到硫酸；你所使用的肥皂的原料很有可能也是用硫酸处理过的油脂；在你使用肥皂的时候你已跟硫酸亲密接触过了；你所使用的发梳上的梳毛也要经过硫酸的处理，不然的话，你的那把看起来精美，用起来顺手的梳子就根本生产不出来。另外，你用来刮胡子的刀片在锻造完成之时，也需要经过硫酸的处理。

你每次用餐时使用的杯子、盘子并不是纯白的，那是因为硫酸在起作用，用来辅助制造镀金，以及其他用于装饰的材料都离不开硫酸。如果你的勺子、刀子、叉子都是镀银的，那么它们就必须要在硫酸中浸泡。硫酸就是这样与你生活的各个方面息息相关。

这个演说者在演讲中巧妙地运用了第二人称"你"，并获得巨大的成功，可算是成功使用第二人称的一个范例，它让听众有一种身临其境的感觉，因此他们会保持着极高的注意力。但是运用这种技巧的时候也要注意，并不是所有的场合都适合使用第二人称，有时甚至会很冒险——不但不能让听众和演讲者进行有效的沟通，反而会在两者之间造成不必要的伤害。如果演讲者认为自己是个专家，盛气凌人地对听众颐指气使时，便会产生这种结果。这时应该使用第一人称复指"我们"，而不能使用第二人称"你"及"你们"。

我所知道的，成功使用第一人称最好的例子，要算是美国医药协会健康教育组组长鲍尔博士了，他经常在电台和电视演说中使用第一人称。他的演说中有这样一段："我们如果生病了，都希望去选择一个好医生来为自己医治，难道不是吗？"他也曾在演讲里这么说过："既然我们希望医生为我们提供最佳的服务，那么，我们是否想过要怎样去做一个好的病人呢？"

让听众参与其中

你是否这样想过，如何在讲台上运用一点小伎俩，让听众自始至终关注你所演说的每一个词句？这里所说的小伎俩，就是邀请在场听众来帮助你说明某个看法，或者将某种观念通过表演而形象地表达出来，这样，听众对演说的注意力就会明显增强。

在潜意识里，听众知道自己是在被动地接受演说者传递的信息，而当他们其中有人被演说者带入"表演"的情境时，其他人则会因自己没有被带入这种情境而露出某些表情，进而怀疑自己的某些立场。许多有着丰富演说经验的演说者都知道，演讲者与听众之间虽然是面面相对，但两者间像隔着一堵墙，那么，让现场听众参与，便可推倒这堵墙。

在我的记忆中就曾有一位演说者，他想让听众知道，行驶中的汽车在停下来之前需要有一段距离来做缓冲。他请一位前排听众来帮助他演示汽车会因为行驶速度不同，在停住之前继续行驶的距离也会有所不同。这位听众伸拉着卷尺仔细地丈量着，我观察着整个过程，注视着所有听众对演说是怎样的集中精神倾听和注视的。我对自己说，此时那条卷尺不仅论证了演说者的观点，还成功地让台上的演说者与台下的听众产生了互动。如果没有这次现场演示，也许听众们只会坐在台下，脑子里想着听完演说后该去做些什么事情，或者去看什么电视节目。

运用"让听众参与其中"这一演说技巧时，我最钟情的方法之一就是进行现场提问。我喜欢请听众起身跟着我重复同一句话，或者举手回答我的问题。这一点我与帕希·卫特不谋而合，帕希·卫特在他所写的《如何让演说和写作更为幽默》一书中，就怎样"与听众互动"提出了一些有意义的建议。比如，他建议让听众对某件事举手表态或请他们协助完成一件事。卫特先生说："你要对某些事情持有正确的态度。首先要知道，演说不是背诵，演说的目的是要让听众就演说的内容有所反应，并成为整个事件的参与者。"

我喜欢他将听众称作"整个事件的参与者"，本章讲了这么多，也是为了说明这一点。如果你的每一次演讲都能让听众积极参与，并且他们都愿意成为你的好搭档，这表明说你的演说获得了极大的成功。

表现出应有的低姿态

有个问题我有必要重复一下，那就是演说者一定要表现出自己的真实，这一点不可或缺。艾森·乔丹曾给一位牧师朋友的布道提供过一些很有效的方法。这个牧师之前的很多布道都不能让听众集中注意力。艾森让这个牧师问自己："每个星期日的早晨我都会面对哪些听众？我对这些教徒的感觉是什么？我是不是真心地喜欢他们？我是不是真心地希望能够帮助他们？我是不是认为他们没有我聪明？"

艾森说："一旦你站上讲台，对自己的教徒应该怀有强烈的感情。"假如你认为自己的智商和社会地位都要高过下面的教徒的话，听众会从你的话语中感受到这一点，因此不会接受你的观点。这就是事实，你只有先尊重你的教徒，他们才会敬重你。演说者若希望得到听众的敬爱，最好的方法就是降低自己的姿态。

在乔治还是缅因州参议员的时候，曾经在波士顿的美国辩论协会上发表演说，乔治的看家本领就是在观众面前表现出应有的低姿态：

今天早上犹豫再三，我自己不知道该不该答应这次演说邀请。第一，我清楚前来听讲的诸位都是业内的精英，所以我认为我的演说是在班门弄斧，是否有必要让各位见笑。第二，这是个早餐会，在这个时间，诸位的思维都不是处在最佳的状态中，如果我表现不佳，对于相关政治的话题来说，有十分严重的后果。第三，今天我要演说的主题是"一名公仆到底有何影响力"，只要我还在从政，我的选民对这一影响力好坏与否会有不同的评价。我现在是满怀焦虑，感觉此时的自己就像一只无头的蚊子，六神无主地进入了天体王国，简直不知道该从哪里说起……

乔治就这样一直说了下去，最终演说取得了巨大的成功。

还有一位同样利用低姿态的技巧，让自己的演说获得极大成功的人是爱德华·罗伯特先生，他曾经参加密歇根州立大学毕业典礼并做了致辞演说。下面是他的开场白：

"面对如此盛大的场面，我真的感觉很震撼，我也的确渴望讲一些东西，但此时却感觉心有余而力不足，这让我回忆起洛巴尔·费德曾经被问及如何善待人生的问题，他这么回答：'我现在就连怎样才能利用好下面的15分钟的时间都还不知道呢。'而如今，我对接下来的20分钟也有同样的感受。"

在会场里最让听众厌恶的事儿就是让他们仰望演说者。演说者站在演讲台上，就好像被放在商店橱窗里的展品，其所有的言行举止都毫无遮掩地展现在观众面前，稍有一点轻浮的表现，就会招来听众的非议。反之，谦虚反而会赢得听众的好感，获得更多的支持。

你可以谦逊，但不必畏首畏尾，而要不卑不亢，只需让观众知道自己是在尽心尽力地做好这次演说就足够了，同时也不妨暗示一下：尽管自己"天生愚钝"，但也不碍事。如果你能把这种潜意识传递到听众那里的话，那么听众反而会更加地尊敬你，对你更有好感。

人们都知道，美国电视界的竞争历来都十分激烈，凡是获得过季度最佳收视率的主持人，都会为保持季度收视率第一的位置而用尽全力。梦露·米多是连续多年稳坐收视率第一的主持人。她不单是电视台的优秀主持人，还是报界的新闻记者。她之所以能够在激烈的竞争中站稳脚跟，原因是她从来没有把自己的职业限定在一个固定的框框里面，而只把自己看作是业余工作者。在镜头前她经常会有意地表现出不太自然，这对别人来说就可能会成为表演上的瑕疵，而她却能表演得极自然，甚至仍然可以打动观众。她时而会用手托一下下颌，耸一下肩，拉拉衣服，甚至讲话时还磕巴一下。

这些刻意出来的"缺陷"丝毫不影响人们对她的认可，有人批评她，她也毫不在意。她每隔两三个月，都要主持一次超级模仿表演，让顶尖高手来模仿她，来夸张地表现她的那些所谓的"缺陷"。她乐于接受批评，正是她的这一点赢得了观众的喜欢。

观众们喜欢谦谦君子，讨厌那些摇头晃脑自以为是的演说者。杰克与霍克合作撰写的《现代宗教领袖传》一书中评论中国的孔子说："孔子博学多才，学富五车，诲人不倦，但他从来都不会表现得好为人师。他只是凭着他那包容的宽厚之心，设法去启迪大众。"如果我们人人都有这种包容的胸襟，就等于拿到了开启听众心灵大门的钥匙。

第三篇

如何成功即席演讲

激励性演讲

在第一次世界大战期间，有一位声名显赫的英国主教来到雷普顿营，探望驻扎在这里的英国官兵。这些马上要奔赴前线的士兵，只有少数人清楚安排这种探望的重要意义和必要性。但遗憾的是，这位大主教对于这种安排的意义一无所知，所以他在向官兵们演说时大讲特讲"民族之间和睦共处"的大道理，诸如什么"塞尔维亚民族要在地球上获得该有的地位"。结果听者不明就里，竟然有一多半的官兵将塞尔维亚认为是一个城镇或是一种流行病。这些听众认为，他演说的内容高深莫测，让人不知其所以然。还好，演说期间没有一个人逃走，显然不是由于主教的演说太吸引人，而是由于宪兵很有先见之明，早就把守好了各个出口，谁都出不去！

举这个例子完全没有讽刺这位主教的意思，相反他所具有的渊博的学识令人十分的敬佩。如果他当时面对的是一群教徒，演说很可能会获得满场喝彩。但听众偏偏是那些就要奔赴前线的战士，演说的对象不同，主教的演说只能遭遇失败，这也是在情理之中的事！为什么会这样呢？这是由于他并不了解自己的听众，也不了解演说本身的真正目的。一句话，在演说中，他如同是无的放矢。

那么，我们进行演说是要达到一个什么样的目的呢？或者说是为了什么呢？人们做的每一次演说甚至是与人聊天，不管说话者是不是刻意的，但一定要有一个目的贯穿于谈话中。任何演说所涵盖的目的都可以总结成以下四个方面：

1.劝导他人采取行动；

2.通知；

3.给人留下深刻印象，让人心悦诚服；

4.让听众感到愉快。

下面，我们以美国前总统林肯的故事为例，来解释以上的四个方面。

很少有人知道林肯曾发明过一种用于抓吊搁浅船只的器械，并申请获得了专利。后来，委托律师办公室附近的工艺店制作过这个器械的模型。每当有朋友探访林肯并观看这个模型时，他就会给朋友详细地讲解它的原理。而这种解释的目的，就是为了传递相关信息。

林肯在葛底斯堡发表的如今已是家喻户晓的著名演讲：两次总统就职演讲及亨利·克特去世时在追悼会追忆亨利的一生时所作的悼词。这些演说的目的是给听众留下深刻的印象，让听众心悦诚服。当他以律师的身份对陪审团申辩时，目的则是希望获得有利于自己当事人的判决；而他进行政治演说时，目的也很明确，那就是为了获得选民手中的选票。总的来说，都是为了向听众传递相关的信息。

林肯在担任总统的前两年，曾经准备过一篇关于发明的演说。当然，他这么做也有他的目的，他做了这个演说至少可以取悦于大众。可令人遗憾的是，这次他并没有取得成功。他本想成为一个被大众认可的演说家，然而在这方面不断遭遇失败。有一次，他去一个小镇演讲，结果现场空荡荡的，一个观众都没有。

但他在其他方面的演说都非常成功，与偶尔马失前蹄的演讲形成鲜明对比，而且其中一些演说还成为传世经典。下面我们来具体地分析一下这其中的原因。可以肯定的是，他在发表这些演说时，十分清楚自己演说的目的，并且研究掌握了实现目的的最佳途径，这便是他能够获取成功的原因。

有些演说者并不清楚怎样去调和演讲目的与听众的兴趣点，结果在演说时漫无目的、无所适从，导致演说时含糊其词、破绽百出，这样肯定会失败。

像这种情况，可以通过下面的例子来说明。

曾经有一位美国国会议员在纽约旧马戏场进行演说，结果他还没有把话说完就被听众席上一片嘘声赶下了讲台。而导致这场失败的原因是他非常愚蠢地在这种场合选择了目的为通告的演说。他对听众介绍说，美国正在如何地积极备战。但这不合听众的口味，他们到这里来的目的是娱乐。

尽管听众们盼望他尽快结束这一演讲，可这位议员对听众因不耐烦所做出的举动竟毫无知觉。致使听众忍无可忍，有人喝出了极有传染性的倒彩，顿时会场响起一片口哨声，甚至还有人高声地吆喝起来。但这位议员仍不以为然，不顾听众的情绪及波浪般涌来的声讨，还在倔强地继续演说。

这种不管不顾使得听众的情绪从无可奈何演变成愤怒，于是，整个会场的场面变得一片混乱，不可收拾。至此，这位议员先生还在企图让观众的情绪平息下来，但强烈的抗议声淹没了他的声音。最后，他只好自讨没趣，仓皇下台。

这位议员演说失败的教训很值得我们借鉴！我们演说的目的必须要同现场观众的情绪与兴趣相一致。如果这个议员在演说前仔细地研究一下这个问题，想必结果不会有这么惨。

现在，我们应该做的是，如何从诸多的演说目的中选择适合自己的演说目的，对此，我们要做一个细致的分析。

劝导他人有所行动是"怎样构架演说框架"的重要步骤。在这一章里我们将重点讲解这个问题。而后面的三章则重点讨论演说的其他三个目的：通知；让人留下深刻印象、心悦诚服；带给听众愉悦的情绪。每一个目的都要求演说者用不同的方式来实现它。同时，还要有一种思想准备，就是在实现的过程中，我们都将碰到常见的错误和不得不跨越的障碍。

首先，让我们来讨论一下演说素材的布局，借以提高说服听众有所行动效率。我们有没有把握根据某种有效的方法安排演讲素材，来打动我们的听众，让他们依照我们的意志采取行动呢？在20世纪20年代，我就曾同训练班的同事们讨论过这个问题。当时，我的公共演说训练课程刚开始举办，全国各地如火如荼，每个班的学员都爆满，当时，我们把每个学员即席演说的练习时间限制在两分钟之内。

假如学员的演说目的是为了取悦听众，那么这个时间要求对他的发挥不会有任何影响。但如果我们要求演说者必须以劝导听众有所行动为目的来进行演说，情形就大不一样了。也就是按照老套的演说套路：从开场白、正文到结论来进行则是无法完成的，最终毫无效果。很明显，我们必须要改变思路，才可以在两分钟之内达到既定的劝说听众采取行动的目的。

为了能获得实现这一目的的有效方法，我们前后在洛杉矶、芝加哥和纽约等地邀请来多位在著名大学里教授讲演课程的老师进行探讨，他们中的一些人在演说上功成名就，另一些人则是广告界的精英。我们试图收集各方面的知识，寻找能够体现完美的演说结构的最新方法，确保其在适应时代的要求、符合心理学原理的前提下，能够帮助我们实现说服听众行动的目的。

此次巡回座谈达到了预期的目标，终于摸索出了一种架构演说框架的"奇妙公式"。我们在演说训练班上讲授推广这种公式，一直都很受演说者及听众的欢迎。那么，这个"神奇公式"有什么特点？具体来说是这样的：

第一，你登上讲台的时候，就把自己的演说主题用实例的方式说给听众听，这个例子一定要形象，且有助于传达你的主题。第二，尽量详尽清楚地论述你的观点。第三，叙述理由，即告诉听众，如果按照你所说的去做会得到什么好处。

这一公式非常符合当今快节奏的生活的需要。演说者切不要陷于那种冗长、散乱的长篇大论中，现代紧张、忙碌的社会生活让听众没那么多时间来听演说，他们希望从你那儿听到的是那种简要、清晰的表述。特别是他们已经习惯于听提炼过的当代新闻播报，因为听这样的新闻他们不用怎么动脑筋就可以直接弄清事情的来龙去脉。他们更喜欢类似于麦迪逊大道那种一再强调的广告环境。因为诸如各式广告牌、电视节目、杂志与报纸等各种媒体，所使用的都是那些鲜明惹眼的词语，能准确无误地把所想表达的信息传递给听众。这些语言精练到一句废话都没有。

只要你能坚持将这个"奇妙公式"付诸实践，你肯定会极大地吸引听众的注意力，并且能让听众与你产生强烈的共鸣。此外，它还会助你丢弃那些冗长无聊的开场白，比如就像："原谅我的仓促准备""当主持人让我说说这个话题时，我受宠若惊，不清楚他为什么会挑选我"等用语不但不能让听众感觉你很谦卑，相反他们会认为你在那里哗众取宠，要知道，听众在台下坐着可不是要听你在台上说无用的话，不管你是真心诚意还是出自台面上的客套。而遵照"奇妙公式"提示的，你的演说从一开始就会直奔主题。

对于那些简短的谈话，这套公式特别适用，因为这里面从一开始就埋下了一些吸引听众注意力的伏笔。当你使用这种方法来表达你的观点时，听众就会自然而然地被你讲的故事吸引住，而你也不用一开始就将演说的重点全盘托出，只需先讲几分钟的故事，当故事快结束的时候，听众自然而然就清楚你要演说的重点。

假如你所演说的主题是想说服听众支持你的想法或观点，那这个公式显得更加适用。试想一下，假如演说者的演说目的是为某一弱势群体募集捐款，那么他所希望的结果，就是听众能为这一弱势群体慷慨相助，但是，如果演说者一开始就面对听众这样说："女士们，先生们，我今天在这里演说的目的是要向各位收取5美元。"

试想，听众听了你的话会按你说的做吗？我敢保证你这么一说，马上就会有大半的听众走掉。因为听众会很自然地认为你是来骗钱的，一旦听众对你产生了这样的误会，结果不言而喻。反之，我们设想另一种情况，你先对听众讲述自己去"儿童医院"时的所见所闻，并饱含感情地告诉他们，在那里你遇见了一个急需帮助的儿童患者。那个幼童正在同病魔做斗争，但由于孩子的家庭困难，没有进行手术的费用，若各位能够奉献出自己的爱心，伸手帮他一下，就会挽救这个小生命。如果对比一下，无疑，听众不会漠视这样的表达，最终获得他们的支持也在情理之中。由此可以看到，在演说中插入故事是为了对期望中的行动进行铺垫。

下面，再来看看尼兰·斯通是如何通过讲述事实来感动听众，并让他们支持联合国儿童援助行动的：

我曾对自己说，以后再也不用为此而四处奔走了。试想一下，一个小生命生死仅悬于一线，难道世界上没有比看了这样的场景更让人揪心的事吗？我也祈祷在座的各位，不用再为这些事去做什么了，也不用让这些悲伤的事永远地留在自己的记忆里。然而在现实中，这些事情每天都在发生，我们的脚步根本就无法安心地停下来。就在一月的雅典，在一个已经被炸成了废墟的工人区里，我再次听见了他们的声音，目睹了他们那满是悲伤恐慌的眼神，而导致这一惨状的，却仅是一瓶半斤重的花生。

当我打开手中的救援物品时，马上被一群衣衫破烂如乞丐的孩子们团团围住，疯狂地朝我伸出手索要食品。更有大量抱着婴孩的母亲将婴儿朝着我举着，婴儿干瘦的小手让人看了揪心般的疼痛。我尽量让我带来的不多的援助物品发挥最大的作用，哪怕仅仅多救活一个饥饿的生命也好。

在他们疯狂的争抢之下，我几乎快要跌倒。

接着在我面前聚集了几百只求助、绝望、挣扎、干瘦的手。我想尽办法尽量让他们都能分到一点，但相对于这数百只朝我伸过来的手，我手里的物品不过是杯水车薪，当他们拿着分到的食物时，眼睛里都闪耀出希望的光芒，最后，只剩我怀抱空罐子站在那儿，上帝啊，我祈祷着这种苦难的情形永远不要再发生，永远地离开我们的世界。

这个"奇妙公式"也可用于指导书写商业文书，或者对职员及下属传达高层指令。作为母亲可以引用它来教育孩子，同样，孩子也可以利用这一套公式获得父母的重视。总之，它会让你知晓，它真的是屡试不爽的心理秘籍，在平常的生活中，你可以通过它告诉别人你的想法。即使是在广告领域里，"奇妙公式"也获得了广泛的应用。

有家E电池公司在电视和电台上做了一系列的广告，这套广告就是按照"奇妙公式"所设计的。这则广告的构架如下：

> 第一幕的场景，主持人用凝重和急切的语气讲述一起发生在一个深夜的车祸，某人被困在翻倒的汽车中。主持人先是声情并茂地将这起意外事故的过程详细地叙述了一遍。然后广告进入第二幕：主持人请来被从车里解救出来的当事人，让他当众介绍说，多亏自己有一个装有E电池的手电筒，它发出的光亮成了求救信号，才使得自己最终得救。接着广告进入第三幕：主持人强调此广告的要点：选择E电池，你将拥有应对各种突发事件的护身符。

这个故事本身就源自E电池公司的档案，讲的是一件真人真事。我并不知道他们做的这个广告最终为公司带来了多少效益。但可以确信的一点是，从广告效果中我们能够看到"奇妙公式"是非常适用的，它可以帮你颇有成效地告诉听众，要他们去做或尽可能不要去做的事情。下面我们来逐一地进行讨论。

将日常生活的事件作为演讲谈资

应该说，平时我们生活中发生的很多事情，都是每天主要的谈资。你可以通过述说这些事情，让听众得到启发。心理学家认为，我们的学习主要有两种方法：一种是使用"锻炼法则"，利用一系列类似的事件，让某种行为模式产生改变；一种是使用"效应法则"，利用某一事件所产生的惊人效果而导致行为的改变。

我们人人都会有一些与其他人不同的独特经验，而且我们只要仔细地回忆一下，就很容易找到一些类似的例子。这些经验影响着我们的行为习惯，只是平常未引起我们的注意罢了，因此，我们有必要将这些经验进行整理，再将应用于演说当中，用来影响他人。

因为一般人对演说者语言的印象，以及对实际发生的事情的印象大体上是一致的，所以在举例的时候，演说者要让自己的切身体验产生出一种积极有益的效果，由此来影响你的听众，就像当初你被这件事情所感动一样。

为达到演说的目的，你必须要十分详尽地描述自己的经验，并突出特点，使这个事件尽可能地产生戏剧性的效果，从而引起听众的兴趣。下面是几点建议，希望能对你有一定帮助。

建议1：用亲身经历做演说实例

假如你采用的事例完全以自己的亲身经历为基础，且具有很强的戏剧性，那它将会产生十分惊人的影响力。或许这件事的发生过程只是短短的几秒钟，但会给你留下终生难忘的印象。例如，有个培训班的学员曾讲述自己在海上的一次遇险经历，他驾驶的一艘小船翻了，可是他还试图操纵着已经失控的小船回到岸边。我相信在座的听众听过他的讲述后，都会换位思考，假如自己以后也遇到类似的灾难，最好就按照那个演说者所建议的：要积极行动，不能坐以待毙。

现在我还清晰地记得，有一个人向我说过的关于一个小孩和翻倒的电动割草机的故事。如果现在有小孩接近我的电动割草机，会让我十分担心，我生怕有意外发生。培训班里的许多教师也认为，在听了班上学员很多宝贵的经历后，一旦自己在家里遇到类似的情况，也都能立即采取行动，避免意外的发生。比如，有人在听演说时得知，某人因煮饭大意而造成火灾后，就在自家的厨房里准备了一个灭火器；家里装着有害物质的器具上面都会贴上标签以示提醒，并且放在孩子拿不到的地方。

这些教训会让任何一个人终生难忘，这一点是说服性演说首先必须具备的。用实践经验做例子，你可以使听众有所行动，尽管这件事发生在自己身上，但你要让听众知道，他们任何一个人都可能遇到这些事。这样，才会让他们理解并采纳你的建议，并按照你提出的建议采取必要的行动。

建议2：演说开始时用举例方法

在开始的一段演说中就用举例的方法来提高听众的注意力，效果十分明显，这样，可以让听众马上集中注意力听你的讲述。有一些演说者无法在一开始就吸引听众的注意力和兴趣，就是因为他们还不懂得运用这一方法，他们还经常引用一些早已被时代淘汰了的腔调，或者讲些听众不感兴趣的东西，比如"我向来不太习惯在大众面前演说"等废话，很让人厌烦。还有很多反复被人们引用的客套话也不适合用作开场白，这些陈词滥调很容易让听众失去兴趣。

另外，不停地向听众解释自己为什么选择了这个话题，或者表示自己还没有做好充分的准备，听众会因为这些废话看低你，或者像牧师布道那样鼓吹自己的主题之类，都是要尽可能避免的。对此我们不妨从一些比较权威的报纸杂志中去寻找一些窍门：诸如直接开始讲你的实例，听众就会被吸引住。比如下面的这段开场白就十分的有意思：

> 1942年的一天，我一觉醒来，却发觉自己是躺在医院的病床上，这是怎么回事？记得昨天吃早饭时，我正在喝太太倒的咖啡，可现在……
>
> 去年7月的一天，我驾驶着自己的跑车飞驰在42号国道上，可……
>
> 我正在办公室看当月的销售报表，门猛然被踹开……
>
> 我正在湖边垂钓，一仰头，却看见一艘汽艇正朝着我驶过来……

如果在开场白中能精准简练地把握这五个要素：即人物、时间、地点、事件、为什么，把它们一一介绍给听众，那么，你就是用最古老的交流方式吸引他人的注意，这就好比讲故事"很久以前……"这是最能吸引和启发小孩想象力的神奇字眼。同样的道理，演说者可以在演说一开始就用自己亲身经历过的事件来打开听众的心灵之门。

建议3：要突出细节描述

演说实践中，如果一些情节被分散地叙述就不会把听众吸引住，这就像是本来是一套上好的家具，但被乱七八糟的摆在屋子里并不会引人注目一样；一幅画了过多场景的画也不会让人眼前一亮。同理，演说时如果叙述了太多的烦琐且相互之间又无关联的细节，同样会让听众无法忍受，所以说，叙述的细节必须是与主题关联密切的，而且这些细节一定是有助于阐述主题的理由与观点。

假如你想让听众接受"驾驶汽车进行长途旅行一定要对汽车做行前的安全检查"这个观点，那么在进行举例时，你要阐明的主题就是"由于在长途旅行前，你忽略了对汽车性能的检修，结果发生了意外"。但如果你讲的却是沿途的景色多么的秀美，或者是抵达终点之后又去了哪里探访等细节，那你的演说则有挂羊头卖狗肉之嫌，最终由于干扰了听众的注意力，而会使演说效果打折。

一般的情况下，你所举的与主题相关联的事例只要情节生动有趣，再经过具体的形象化的描述，就一定能让人产生身临其境的感觉。假如想阐明导致车祸的原因只是由于"大意"，那件事听起来一定是非常单调的，索然无味的，最终的结果是，你的演说根本不能使听众产生要去检修车的想法，但是如果你能把整个车祸过程讲得惊心动魄，使用具有强烈感觉刺激和形象震撼的话语去演说，那么，演说所产生的效果就会大不一样。下面是一位培训班学员所讲的故事：

　　1949年的冬天，在圣诞节前一天的早晨，我带着夫人和两个孩子在印第安纳州开车沿着41号公路向北行驶，路面上的雪被碾成了冰，车在镜子一般的冰面上已经慢慢行驶了几个小时，但我还是紧握方向盘不敢有稍微地松懈，生怕稍微抖动一下便会让整个车子失去控制。只有少数几个司机敢变线超车，而时间也仿佛车速一样缓慢地向前行走。

　　车子行驶了一会儿，开到了一处比较宽敞的路面，由于路面的冰在阳光的照射下消融了，于是我开始加大油门，试图开快一点，在路上少花点时间。其他车子也都开始加速，刹那间，似乎人人都急切地要赶往芝加哥。两个小孩开始在后座唱起了圣诞歌，一点也没有预料到将要来临的灾难。

　　忽然，马路向上延伸入林地。飞驰的车子已经开到坡顶，山坡北面由于是背阴，阳光照射不到，仍然积着厚厚的冰雪。此时，我想减速却来不及了，眼看着前面的两辆车飞快地滑下山坡，我也控制不住车，紧跟着向下飞速地滑去。我们滑过路阶，在雪堤上面停了下来，所幸车身没有翻倒。但紧跟在我们后面的车也滑了下来，正好撞到我的车上，结果车窗被撞碎了，玻璃像刀子一般刺在我们身上。

在这个故事中，演讲者详尽地描述了一些细节，所以很容易把听众带入到情境里。其实，他是想说在寒冬开车千万要小心谨慎。

总而言之，演说的目的是要让听众通过感觉你所看到的、听到的、感受到的，进而被触动、被感染。要实现这一目的，就得使用很多丰富的词句来叙述更多的精彩细节，就像我们在之前所强调过的，要保证一场演说的成功，一定不能漏掉以下任何一个要素：人物、时间、地点、事件、起因等，在此基础上，再通过你丰富多彩的语言和特定的语气来激发听众的想象力。

建议4：把经历再现在听众面前

除了要进行详尽的细节描述以外，在讲述自己亲历的故事时，演说者还要擅长在听众面前展现自己的表演天赋，这样更能说服别人，更容易达到说服别人的目的。事实也是如此，每一个伟大的演说家也是有天赋的表演家。

其实，每一个人的身上都不缺少表演这一品质，甚至很多人在从小的时候起就具有这种天赋。即使是现在，我们周围也有许多人拥有这种才能，他们在说话或办事的时候都会时不时流露出丰富的表情。有些人不但模仿能力非常强，并且还具有表演哑剧的天赋。我们的身上肯定部分地拥有这种才能，只要尽力挖掘，我们的这种资质肯定还会得到充分的发展。

有一点非常有必要强调一下，即在演说中列举的事实当中，所含的鼓舞和激励的成分越多，就越能留给听众好的印象。如果演说者缺少再次创作的耐性和热情，那无论他叙述的例子多么详细，都不会感动人。如果你想精彩地再现一场火灾的场景，那就需要把你是怎样与烈火搏斗的，是怎样从熊熊大火中逃生的过程详细地再现给听众。你想让我们知道你是如何与邻居争吵的吗？那就需要通过语言来再现整个过程，并突出某些特点。如果你想向听众介绍一下你曾经在水中死里逃生的过程，那就要向听众讲述，在那个恐怖的时刻，你的心里是怎样的绝望，或者是怎样坚定信念，以及经过怎样的努力拼搏才生还的。总之，你要设法让故事显得特别，这样你所做的演说才能给听众留下深刻印象。只有让听众对你的讲话印象深刻，才能让他们自己付诸实际行动。

为了能使你在演说中所举的例证刻录进听众的脑海里，"以实际经历为事例法"的演说更具生动性，更能说服人。你在生活中所积累的经验，一旦为听众所接受，那么他们打算去做某事的时候，也会想到你的演讲。这样，你才进入"奇妙公式"入门后的第二个步骤。

让听众清楚你对他们寄予什么希望

一般情况下，在以劝服为目标的演说中，所引用例证的时间要占全部演说时间的四分之三。如果只给你两分钟的演说时间，而用来阐述采取行动的重要性的时间只有30秒，不给你时间详述细节，而你此时必须直接表达自己的意见，这其中需要表现出的技巧与新闻播报的技巧是截然不同的。新闻播报首先用大字标题强调要点，即前面有一个简单的导语，接着再细致讲述新闻内容；而演说的规则是要先叙述内容，然后再归纳出观点，最后才提醒和引导听众采取行动，因此在这一阶段要运用好下面三个建议：

建议1：用简洁的语言叙述观点

就是要求你要以明确的语言告诉听众，你究竟希望听众做些什么。多数人都往往是在弄清楚状况之后才开始去想，应该采取什么样的行动。这时，最好先问问自己，到底让听众在听完你讲完之后采取什么样的行动。写下你的观点，句子要尽可能的精简明了，就像拍电报的电文一样，尽可能让文字简洁清楚，而且能让人一看就能明白。而不能这样说："请为我们孤儿院的病人伸出援助之手"，这样的表述显得唐突，也让人不明白。应该这样说："请参加下周日郊游野餐的人员今晚来登记，有25名小孩需要照料。"

进行公开的提醒是很重要的，一个实际的行动要胜过千万种想法，比如"要经常牵挂你们的祖父祖母"，这样的话讲得含糊不清，人们仍然不知道现在究竟该要怎样做。不如改为"本周末去探望你的祖父祖母"，这样就更为确切了。与其说"要有一颗爱国心"之类的空谈，不如说"下周二去投票"。

建议2：提出易于操作的可行性方案

不管你的演说中所谈论的话题是不是有争议，但作为演说者，在演说中必须要清楚和坚持自己的主张，以便让听众理解你的主张，并能清楚地按照这个主张采取行动。因此，要求你在陈述主张时一定要避免表现出彷徨或犹豫不决的态度。假如你希望让听众记住他人的姓名，你不能这样提要求："从现在开始，要认真记住别人的姓名。"这话过于含糊，不易让人转变成为行动。不如改为："下次你与别人第一次见面时，在心里默念五遍此人的名字。"

优秀的演说者能够将付之于行动的主张具体详细地传达给听众，而另有一些演说者，说话含糊不清，即说不到位。而在实践中，前者总是比后者更能够说服听众付诸实际行动。比方说："请大家一会儿到讲堂后面，并在慰问卡上签字。"这样说的效果要比告诉听众给班上生病的同学送慰问卡片好很多。

在表明主张时，如何确定用否定还是用肯定的表达方式更好呢？要回答这个问题，就得首先学会换位思考。事实上，并不是所有的否定语气都让人讨厌。比方说，要劝导听众不要采取某些态度或方式时，否定的措辞更有说服力。例如前些年一则灯泡广告语上说："不要去做一个抢灯泡的人。"在这里，否定的语气用和很合适，结果也是收到了很好的效果。

建议3：全力推销你的主张

这里所说的"主张"，就是指你在演说过程中所要表明的主题，即你的观点或立场。这也是你全力投入要达到的目标，因此，你在演说中要倾尽全力推销自己的主张，想方设法让听众接受，比如，每张报纸在阐述它的观点的时候，都会用惹眼的黑体字突出来，就是基于这样的目的。你的主张也应该通过加强语气和声调来给听众留下深刻的印象。这也是你给听众留下的最终期望，因此要尽可能地让听众感受到你的真诚。在陈述主张时，不要表现出犹豫不决的姿态，而要体现出你坚定的态度，直到坚持到底，进入"奇妙公式"的第三步骤。

让听众接纳你的主张

在一篇演说中，这一阶段的重点在于陈述理由，记住，简要仍旧是主要原则。此时，你要给听众以动力，并且让他们明白，如果采取行动会给自己带来什么样的利益，这样他们才能够接受你的主张，并按照你说的去做事。在操作时要注意下面几点：

建议1：例子要与观点相关联

如果留意的话，在许多的书籍和杂志都能查到关于怎样在演说中鼓舞听众的专业文章。这是个大题目，对所有"说服听众采取行动"的演说都有借鉴作用。这一章，我们讲讲有关短时间演讲的问题，也就是你只能和听众说一两句话，并达到预期的效果。

要想达到预期效果，重点是：你所举的例子必须要与表达的观点相关联。比方说：你向听众讲述自己是怎样通过买二手车而节省了很多钱，并由此说服听众也去购买二手车，此时你需要强调的是，虽然购买的是二手车，但是，它不但可以为你节省可观的金钱，而且也丝毫不影响它给你带来的使用功效。要是你撇开这些，而去大谈特谈"二手车的外观比新款的车型更为新颖"之类的话，那就与你要表达的观点风马牛不相及了。

建议2：每次只推销一个主张

一个优秀的推销员要想让你购买他的产品，一定是先为你进行一番介绍，告诉你这种产品对你有什么有用，接着向你讲一连串购买的原因，因此，你要让听众接受你的观点，就要准备好充足的例证及充分的理由来佐证和支持你的论点，而且还要选择既恰当又特别的理由来支撑你的论点。

在演说的尾声，你一定要把它讲得就像畅销杂志上的广告词那么干净利落。如果能够下一番功夫钻研一下那些极具智慧的广告词，一定会让你受益匪浅，我确信这将非常有助于你提高陈述主张和理由的水平。就其广告特点来说，一个广告只能推销一种商品或发布一个信息。即使是一本热门的杂志，绝大部分广告也不会一下子用好几个理由来说服读者。

对一个公司来说，它会使用不同的媒体来做广告，但几乎不会在同一则广告中做不同内容的宣传。仔细分析这些广告，并认真研究一下它的宣传方法，你会发现，这些广告无一例外的是在运用"奇妙公式"来说服读者或听众的。

当然你可以使用很多方法举证，比如说展示样品、表演示范、援引权威人士的评价、比较、统计数字，等等。

通告式演讲

某国政府的一位高官受邀在美国联邦参议院的调查委员会进行演说。可以说，他对演说技巧一窍不通，无论是讲观点，还是提期望，只是在做流水账似的陈述，不仅主题不清，而且思路混乱，述说没有语序，更没有侧重点。各委员听得糊里糊涂，很快，大家就便坐立不安。面对着这样的场面，来自北卡罗来纳州的议员伯达·门迪站起来说了一番话，他说：

阁下的一番话让我想起一对夫妻的故事：有一位先生委托律师帮他办理离婚手续。这位先生的夫人长得很漂亮，烹饪手艺也很不错，而且是个非常好的母亲。

"你为什么还想跟她离婚呢？"律师问道。

"因为她一旦唠叨起来就是没完没了。"这位先生回答道。

"那她都讲些什么呢？"

"我无法忍受的正是这一点。"这位先生告诉律师说，

"她从来没说明白过什么。"

这也是很多演说者的问题所在。一些演说者在演说中根本就不知道自己要对听众们表达什么，与此相对应的是，听众也不清楚演说者要告诉自己什么。

前面我们学习了"奇妙公式"，它教给了你如何在有限的时间内说服演说对象的方法。而现在我要讲的是，在向他人传递信息时如何清楚准确地表达。

一个人每天可能有几次和别人通告式的说话，让他人知晓自己需要做什么事。美国知名企业家欧文·杨曾提醒人们，在当今社会，人们相互交流的时候，拥有准确的表达能力非常重要。他说："当一个人能够让自己被他人了解时，机会的大门便向他敞开。"在现代社会，同别人合作是一种趋势，也是人人都要面对的现实，既然合作，就需要彼此间的理解交流。语言交流是信息传递、加深理解的主要方式，因此，我们需要知道怎样去运用语言——不只是简单地使用，而是让它能更全面、更清楚、更明了、更简洁地表达出要交流的内容。

为了提高语言的表达能力，本章中我将介绍几种方法，让你在演讲时进行清晰准确的表达，不但让听众完全听得懂，还要让他们十分愿意听。其实，要做到这一点并不难，正如伟大的哲学家卡拉奇·哥尼所说："一件事如果值得思考，就一定能思考得很清楚；一件事如果可以讲出来，也一定能讲得很明白。"

方法1：集中讲一个主题

一次，在为教员们做演讲时，威廉·詹姆斯曾有意停下来强调：每次演说只能阐述一个主题，而且阐述的这个主题的时间最好不要超过一个小时。

我最近听了一场演说，这个演说者的演说时间被限定在3分钟，在这种情况下，这个演说者却向听众说：他要在今天的这个演说中讲述11个要点。上帝啊！也就是说，他平均只用16秒半时间来阐述一个主题！也不知道他真是一个天才，还是被时间压缩得已经失去理智了，怎么会向听众做出这么荒唐至极的承诺，十分不明智。

当然，这个例子很极端，但是现实中，确有为数不少的演讲者经常犯这种错误，只是程度不同而已，这种错误也是初学者前进路上最大的绊脚石。这种错误如同一个偏激的美食向导企图只通过一次展示就将所有巴黎美食都呈现给游客一样，也如同有人要在半小时之内就要把美国的自然历史博物馆都参观完一样。结果只能是走马观花一样，不会留下一点印象，更别说从中增长知识了。有许多演说者的演说之所以没能让听众留下一点印象，就是由于他们在有限的时间里说了太多的内容。甚至是，当他们的一个话题还没有讲明白就已经转到另一个话题上去了，直到最后，听众也没听到一段完整的介绍。

举个例子，如果你演说的主题是工会，但是你没用足够的时间来阐述工会存在的理由、工会运作的模式、工会的职能、工会的地位，以及怎么调解工厂内部纠纷等问题，而是说别的问题，那么，你在演说中所说的主题是绝对没人能弄明白的。最后听众只听到了工会这个名称，至于其他的一切，只剩下一堆混淆的概念、一个毫无结构的框架，或只是很多苍白无力的解释罢了。

只集中演讲一个重点绝对是一个明智的做法。只讲一个主题，比方说工会，如果演说者用详尽的语言和充足的例子集中阐述这个话题，就很容易达到清楚表达的目的。这种演说必然会给听众留下一个十分清晰而明确的印象。

有一次，我去拜访一家公司的总经理，看见他门上贴着一个标签，上面写着"哪儿"。这家公司的人力资源主管和我是老熟人，见我好奇，便给我解释那个标签的缘由。

"这个标签非常符合他这个人。"我朋友说道。

"他的名字？"我问道，"他的姓氏不是琼斯家族吗？"

"这个是他的绰号，"朋友解释说，"我们都称他为'哪儿先生'，因为我们经常找不到他。他的职位来自琼斯家族，可他一点儿都没有必要为弄清楚整个公司的经营状况而担忧。他每天都在公司待很长时间，却没有固定的办公地点。他都在做些什么事情呢？他一会儿可能是在人力资源部，一会儿可能又出现在销售部，他有可能出现在公司的任何地方。他觉得任何地方都有重要的事情，就像营销部人员在检修电灯，却不清楚本该去做销售计划，或者速记员去研究如何选择纸张，等等。他很少待在办公室里，所以才有了'哪儿'这个特别的绰号。"

"哪儿"的所为，不禁让我联想到很多演说者，他们在如何演说上不也很像"哪儿"吗？他们本来有能力演说得很好，但由于没有抓住要点，费了好大的劲却没有收到应有的效果。就像"哪儿"先生一样，什么事都要插上一手。结果是什么事情也都没做明白。

你听到过类似的演说吗？你会在听演说时感到迷惑："他究竟在说些什么？"这种情况并不是个案，很多的初学演说者也常犯类似的错误。因此，我们在演说中举事实、讲道理一定不要忘了，要紧紧围绕主题来进行。如果要让听众完全弄懂你所说话的目的，一定要让他们随时感觉到："我知道此人，我清楚他在哪儿。"

方法2：根据顺序安排观点

要很好地表现主题，一定要先把所用到的例证或者是事实按照时间、空间及必要的话题，依照逻辑顺序排列好。比方说，根据时间排列，主题的顺序就使用过去、现在和将来，或者，你也可以选择一个特定的时间作为开始，接着围绕这个时间点的前后来阐明表现主题的材料。再比方说，任何演说也都像一件事情的发展过程，有起始、过程和结束。而演说的起始段就是原料加工阶段，过程段就是逐渐过渡到半成品阶段，结束段是制成品的阶段，其中，如何表现每一阶段的细节就要看你安排时间的能力了。

如果是依据空间顺序来排列材料，就要根据几个要点来安排你的观点，再以这几个要点为中心向外逐渐拓展。比方说，你要向听众介绍美国首都华盛顿，你可以以它的某个地标式大厦为中心，然后围绕着这个大厦介绍周边不同的区域。假如你要向听众描述一台喷气式发动机或一辆汽车，那么最佳的方法就是，把它们拆散，分别介绍不同的零部件。

还有一些主题自身就遵守着一定的内在的逻辑，比方说，你试图介绍美国政府的构成，那么你最好要根据内在的机构叙说，按立法、行政和司法三大分支的相互关系来分别做介绍。

方法3：条理分明地演说

在演说时，让每一位听众都能清楚自己演说的要点，可以说这是每一位演说者都非常期望的，而要达成这一期望的最简洁的方法就是让演说条理分明。

"我要讲的第一个要点是……"这种方式可能有些生硬，但可以接受。

当讨论完一个要点后，你可以明确地指明下面要说的要点，这种方式可以应用于整个演说过程。拉尔夫·邦奇博士任联合国秘书长时，曾受邀参加纽约州罗切斯特城市俱乐部赞助的演说，当时他就是以如下的方式开场的：

> 我今天晚上在这里要演讲的主题是"同人际关系对垒"，我之所以选择这个题目是出于两个缘由，第一个缘由是……第二个缘由是……

在整场演说中，他把听众从一个要点引导到另一个要点，直至最后演讲结束，他这样说道："趋利心理是人类的本性，因此我们不得不保留着这一人类所有的共性。"

经济学家鲍尔·道格拉斯也曾在一次演说中利用这种方法力挽狂澜！当时，正值美国经济萧条，商业萎靡不振，国会联合委员会正在为如何才能刺激商业复苏的事情争论不休，此时，道格拉斯以税收专家和伊利诺伊州议员的双重身份，为他们做了一次演说：

　　我认为只有减少中低收入人群的赋税，才是最有效的刺激经济复苏的方法，因为这部分人群会因此而消费掉自己绝大部分的收入。

　　特别是……

　　何况……

　　再进一步讲……

　　请注意，这里有三个要素，第一……，第二……，第三……

　　总之，我们目前要做的是减少中低收入人群的税收，以刺激内需，提升购买力。

方法4：擅长做比较

有些时候，你会发现，原本自己是要清楚地阐述自己的观点，结果却陷入了一种毫无必要解释的怪圈之中。有时，你很清楚自己在说什么，而听众也明白你所说的内容，可同时你又不得不对所说的内容作另一番解释，这种情况下，你该怎么办呢？你可以将听众十分熟悉和了解的东西拿出来进行对比，也可以把听众熟悉的事物和不理解的地方做比较，等等。

假如你们正在探讨催化剂这一化学物质对工业的贡献：它能促使某些物质加快产生化学反应，而自身却不会发生任何变化。这本来是一个不可改变的科学规律，人人都无法改变的，对此，如何做出更好的解释呢？这时，可以拿它与人们平日常见的事件进行比较，比如说，有一个顽皮的小男孩经常在校园里绊倒或欺负其他小孩，可他却从未受到来自其他小孩的任何伤害。

而在非洲国家传教的一些传教士，就经常会面对类似的难题，当他们给当地的土著居民讲解《圣经》时，不得不将这些对当地居民来说十分陌生的词汇翻译成一些让他们听得懂的词汇，所以，他们不能按照《圣经》一字一句地进行讲解。要是他们不看对演讲对象去讲，那他们所讲解的《圣经》对当地居民来说无异于天书，他们根本就理解不了，更谈不上接受了。比方说，有这么一句话："虽说你们的罪是猩红色的，可事实上它们应当是像雪一样的洁白无瑕。"

如果传教士不能用翻译过的词语来解释这句话，当地居民根本就不清楚"雪"同他们所看见的丛林中的苔藓有什么不同。可是他们了解椰子，知道椰子是什么样的，他们经常摘下椰果作为他们的食物。如果传教士知道利用这些当地人所熟知的东西作为比较，效果就会大不一样。因此，他们修改了此前的表述："虽说你们的罪是猩红色的，可事实上它们就像椰肉那么洁白无瑕。"

在这种情形下，就很容易理解为什么要这么做了。为此，有必要采用下面这些方法：

建议1：使用图例

科学家与演说家的不同之处在于：科学家关心的是月亮离我们有多远？太阳又离我们多远？哪些星星距离地球最近？他们需要的是运用数学公式和数据来解答这些太空奥秘。对于普通的读者或听众来说，这些数学算式和数据并不是他们所要知道的，他们也不关心这些。即使他们看到了这些，也只是想通过这些来了解天体的奥妙。詹姆士·琼斯是一位知名的科学家，他非常明白这些数据代表的意义，也明白在演说中使用这些数据可以将内容表达得更为生动形象。

相对地说，太阳以及那些绕着太阳旋转的许多行星距离我们是较近，宇宙中的众多星球距离我们地球十分的遥远，远得我们无法想象。琼斯手里拿着自己的著作《我们身边的宇宙》说："就算是最近的星体距离我们也有250亿英里"，为了使这一数据更为形象，他打比方说道："如果一个人从地球出发，以18.6万英里每秒的速度朝着该星球移动的话，那他也得需要4.25年才可以到达那里。"

很显然，这种使用图例的方法要比演说者借用数字更能让人理解距离的远近。

我还真的听过，一个演说者试图用数据来描述阿拉斯加的演说，结果却让人难以理解。他说阿拉斯加的面积是五十九万平方英里，可是这一数据对于听众来说毫无意义。因为听众无法想象这究竟是一个多么大的地方。

其实，为了使自己表述的阿拉斯加州的大小更为形象，演说者可以借助一张涵盖49个州的地图，并告诉听众：阿拉斯加究竟有多大呢？你们一定知道比佛蒙特、新罕布什尔、北卡罗来纳、南卡罗来纳、康涅狄格、特拉华、佛罗里达等地方，那么它比它们18个州的面积加起来还要大。如果这样讲，五十九万平方英里就具有了不一样的意义，它会让人进一步加深阿拉斯加是一个地域十分辽阔的地方的认识。

几年前，一位演讲培训班的学员，这样描述他所收集的发生在高速公路上的伤亡记录："如果你驾车从纽约到洛杉矶，设想一下，你每行进五秒钟就会看到路旁摆着一具棺材，里边躺着的就是去年因车祸在公路上死去的人。这样的情景一直从纽约持续到洛杉矶。"

听过这段描述以后，我们是不是心灵受到了震撼，而再也不敢开快车了？

为什么会有这样的感觉呢？因为听觉刺激缺乏给人留下永不磨灭的印象的力量，就好像冰雹落在光滑的山榉树皮上一溜而过。可视觉刺激则不一样。还是在几年以前，我参观过一座位于多瑙河边的老房子，房子里有一门当年拿破仑的军队曾经在乌尔姆战役中使用过的大炮。视觉刺激就像那门大炮一样，可以给人以深刻印象。

建议2：尽可能不要使用专业术语

如果你是一位从事某种技术的专业人员，比如像律师、医生、工程师或企业家，那你就需要加倍地小心。当你向外行人讲述自己的专业时，一定要把话说得简明扼要，还可以通过翔实的细节让对方有较透彻的了解。

备加小心这点是很有必要的，因为现实中有许多人由于频繁使用专业术语而导致演讲失败，并且失败得一塌糊涂。很明显，这些演讲者对听众的基本状况不甚了解，也不清楚听众对自己所叙述的专业有多大程度的了解。最后会怎么样呢？演讲者反复地解释，运用他们所习惯的专业术语发表见解，但对于不太了解这个领域的听众来说，演讲者费了很大的精力准备的演讲在他们这里统统变成了毫无意义的废话。

那么，该怎么去解决这个问题呢？我想：印第安纳州前议员贝弗利奇的建议对于他们来说不失为一把解开这把锁的钥匙：

有一个非常好的练习方法是，你可以从听众中挑出一个学识较少的人，并尽力让他对你演说的主题产生兴趣。要做到这一点，你得先把准备对他讲的情况清晰地讲述给他听，对前因后果也要了然于心。

二是，你也可以对一群小朋友演说你的主题，当然，这些小朋友要有父母的陪伴。

三是，如果可能的话，你就对着镜子演说。练习多了，你就能锻炼用简炼的话语来陈述见解，直至练到连小孩子都能够明白你的话题，记清楚你对问题的解释为止。在你每次结束演说练习后，你还可以清晰复述你所说的内容，就算成功了。

在我们的训练班上，曾有一位内科医生，他在一次演说中说："横膈膜呼吸可以辅助大肠蠕动，对身体十分有益。"我当时想，这位医生可能想用一句话来阐述清楚那个专业术语，然后好继续其他方面的说明。但指导教师叫停了他，并提醒他演说时需要把概念陈述清楚，也就是什么是横膈膜呼吸，它和我们平时的呼吸有什么不同，为什么此种呼吸对身体健康有益，而大肠蠕动又是什么概念？对于演说者来说这都需要向听众交代清楚，指导教师的提醒让这位医生感到很惊讶。他只好回头重新阐释，做了细致地叙述。

要清晰地阐明一件事或一个物体，最好的方法就是从易到难，逐渐深入，不要怕麻烦，只有这样做了，你的演说才能得到认可。比如说，你想让一些家庭主妇了解冰箱是怎么制冷的，下面的解释显然是行不通的：

> 冰箱制冷的原理是由蒸发器将冰箱内的热气抽出来。随着热气被抽取出，水蒸气就会携带着热气附着在蒸发器上，然后慢慢堆积成霜，并形成绝缘体。这时，需要蒸发器引擎加速转动，才可以解决由于结霜造成绝缘而影响制冷效果。

如果将上面的说法改成较为通俗一点的说法，变成普通家庭主妇所熟知的语句，就能让她们听得很明白了：

> 你们都知道冰箱里有冷冻库，也都知道冷冻库里经常结霜。你们可能也都知道，如果霜越结越厚，就会影响冰箱制冷效果，为了保证冰箱的制冷效果，最后一定要把它清除

掉。冰箱里所结的霜就如同床上铺的毛毯，又好比房屋墙内用来绝热的石棉。而一旦冰箱内的霜足够厚，热气便很难抽出来，冰箱制冷效果也就会越来越差。此时，冰箱内的机械设备就必须要加大动力才能抽出热气。如果你的冰箱有自动除霜设备，冰箱也就能使用得更久。

"像智者一样思考，像常人一般叙述。"这是亚里士多德说过的一句话，现在看来这句话对每个做演说的人来说都有着很大的借鉴作用。假如你一定要使用专业术语，那你在整个的演说中就要不停地向听众解释，直到听众理解这个术语的意思为止。这绝对是真理，是高超的演说艺术，这一点你在演说中要不断加强实践。

有一次，我遇到一位股票经纪人在对一群妇女进行演说，讲述银行业务和一些投资事宜。他的演说用词十分的通俗和简洁，并采用交谈的方式，使整个演说过程显得非常轻松愉快，内容也十分详尽。如果非要提点不足的话，就是时而依旧流露出一些特别专业的术语，像"特许权的买卖""票据交换""长短期股票买卖"等等。如果这些专业术语没有向听众交代明白，你准备再好的演说也难免会失色。

当然，在演说中我们不可以去制止使用对于理解演说内容十分关键的专业术语。但必须注意的是，我们在使用这些术语的时候，要及时地加以解释，不能让听众听得不知其所以然。

你演说的主题可以是你自己所关心的题材，也可以是有关国家大事的，还可以是生活中的琐碎之事。但不要忘记，在你的演说里提到的任一专业术语，都要让你的听众能够真正地听明白。

方法5：利用视觉刺激

人类生理学家的研究显示，从眼睛至大脑的传输神经系统要比从耳朵至大脑的传输神经系统强大许多倍。他们同时还发现，相比于耳朵听到的信息，眼睛看到的要超过其25倍。

中国有一句这样的谚语："百闻不如一见。"

假如你希望清楚地表达自己的演讲主旨，那你就使用图片来表现你的观点和看法吧。这样的建议也是美国国家资金注册公司创始人约翰·佩特森的观点。他撰写的题为《系统》的文章，其中介绍了他为职员和销售人员演说时归纳出的方法：

> 我相信，个人仅凭借着口述是无法让人理解自己要表达的意图或引起他人注意的。必须还要借用一些具有张显和强化效果的手段做辅助。实践证明，这样的方法是存在的，比如使用图片来表达正确和错误的方法就非常直观，图表比语言更视觉化，更具说服力，而图片要比图表更有说服力；对于内容，理想的表现方法就是充分地利用图片来演示每个步骤的过程，而文字只是在串联每个步骤时说明一下。我发现，特别是在表现人际关系时，用图片要比用任何语言都表达得清楚有效。

在使用图表时要注意，对于图表的选择很重要，要确定能引人入胜，否则的话就是多此一举了。而要用一个很长的图表来阐明问题则更显得是徒劳无益的了。

如果你要在演说过程中使用图表，有条件的话，需要在黑板上大致地将图表的框架画出来。听众不会在意你画的图表是否精确，不需要你具有专业画家的水准，只需大致清晰地勾勒出轮廓就可以了，在你勾画框架的同时别忘记讲解内容，而且要重新将注意力转至听众身上。

你使用诸如图表等手段来展示主题时，请你要留意下面的建议，它对你吸引听众的注意力是大有帮助的。

如果你为演说准备了图板，不要让听众事先看到它。在运用某些方式来展示图板时，要注意照顾到全局，即：让即使坐在最后一排的听众也能看清楚图板的内容。只有听众们能看清图板，才能从图板中理解你要表达的意思。

在你演说时，不要让图板在听众中传看。当然特殊的间歇期除外，比方说演说后的投票时间，就可以让听众传阅你的图板。

在你向听众展示图板时，要把它放在所有听众都能看得见的地方。记住，如果有条件的话，最好把你的图板制作得精致、生动、吸引人一些，效果会比单调的图板要好些。演讲开始时不要急着使用图板，尽量让自己与听众直接沟通，而不是让你的图板与听众沟通。

在你用完那些图板的时候，要尽可能地把图板放在听众看不见的地方。如果你希望你的图板在听众心里产生一种"神秘效果"，那就将你的图板放在演说台的旁边或用东西将其盖住。当你在演说中要用到图板时，突然展示给听众看，给听众一个惊奇，但是要记住，演说前要保密你的图板。

只有在听众毫不知情的情况下，你打开图板的时候听众才会产生好奇感，从而对它感兴趣。

在现代演说中，使用视觉材料来辅助演说，使听众在演说中对演说内容有更加清晰的了解，已经成为演说成功越来越重要的手段。要保证听众对你演说的内容有所理解，最好的办法就是借助某些手段在他们面前说出你的想法。

两位曾任职过美国总统的资深演说家有一个共同的认识：要将演讲的内容表达清楚，只能不断地练习并遵守原则。是什么原则呢？其中的一位前总统林肯说：对听众进行清晰地表达是一种责任。他对诺克斯维尔大学校长格利佛说过一段话，介绍一直以来他是如何负责任的：

当我还很小的时候，每听到别人谈及我不能理解的事情时，我总是很气愤。但是在其他方面我并不是随便发脾气的人，但就是这方面老是让我感到愤怒，并经常这样。记得有一次，我听过父亲和邻居们长谈后回到自己的小屋，却怎么也睡不着，于是就在屋里走来走去，想象和猜测着他们说话的意思。我设法让自己入睡，可我做不到，于是，我还是一遍又一遍地重复他们说过的话，最后我完全弄懂了他们说话的意思，并且还能用最简单的言语把它们复述出来，我知道这种话是像我这样的小孩都能明白的。这便是我的一种激情，直到如今，我仍旧保持这一状态。

另外一位是前总统伍德罗·威尔逊，在他的众多的著作中，一些有关如何清晰表达的文章都给出了一些建议，有些十分适合做这一章的结尾：

我父亲是个充满智慧和活力的男人。同时，他也是一位善于与人交际和表达的人，在这方面他是我的榜样，我在这方面的教育正来源于他。他一点都不能容忍他人表达不清晰。从我可以给父亲写信开始，直到1903年81岁的父亲去世，我所有写给父亲的信都被父亲收藏着，后来转给了我。记得我年轻的时候，父亲老是让我大声读这些信。回想起这些事，无疑让我非常痛苦。其中许多次，父亲让我停止朗读，然后问我："这句是什么意思？"我回答了他，当然，我回答他的语言要比信上写的简洁许多。"你写的信为什么不能像刚才说的那样来写呢？"他接着说道，"表达你的意思时不要使用一些模糊和没用的词语，或者是试图要用一句话就将整个世界都概括出来，要学会用明确的词语来表达明确的意思。"

说服性演讲

我接触过一种人，我暂且称他们为"飓风"式人物，这儿所讲的飓风并不是真的飓风，但却具有仅次于飓风的影响力。在这里，我要介绍的是这群飓风式人群中一位叫博萨·奥迪的人。别人曾经这样介绍他：

几乎每个人都认识他，并且知道他是一位大名鼎鼎、极具感染力的演说家。他一站起来大家就开始注视着他。他正值壮年，精神抖擞，衣着整洁，性格开朗。他面向听众，先用谦和的语气对这次邀请表示感谢。

客气话过后，他忽然前倾了一下身体，并扫视了一下全场的听众。虽然他仍然保持平和的姿态，但讲出来的话，让人听起来感觉十分震撼：

"看看你们的周围，"他说道，"大家彼此好好地看一眼吧，你们知道在座的各位中将有多少人会因癌症而死去吗？现在我告诉你们，你们之中超过40岁的人，有25％的人将因癌症而死亡，女士们、先生们！25％啊！"

他停顿了一下，眼中闪出光芒。"这是现实而又严峻的事实，也是刻不容缓的事实，"他说，"既然现在我们已经知道了自己的处境，那我们必须要为此做些什么来改善这种情况，经过努力我们或许可以弄清癌症的病因并且治愈它！"

他望着我们，神情严肃，最后将目光停在桌子上。他问我们："对于此事，你们是不是希望有些作为呢？"面对这样的提问，我们别无选择。我们的回答只能是"是"。现场的其他听众也同时喊出"是"。我们顷刻之间被他完全征服。他一直在牵引着我们思路，直至我们彻底地变成他的拥护者。在此次征服与反征服的对阵中，他要阐述的主旨始终都占据着主导地位。

无论在什么情形下，会场中听众们的积极响应就是对演说者最大的奖励和赞同。博萨的演说就赢得了这样的奖励与赞同，他的演说得到了听众积极的配合和响应。他同他的兄弟赛纳从一无所有，到经营着一家年营业额达到1亿美元的连锁店，他们取得了巨大的成功。当然，后面一定有这兄弟俩鲜为人知的奋斗历程。

就在他们苦尽甘来，准备享受美好人生时，博萨却由于癌症离开了人世。自那时起，赛纳就在芝加哥大学创办了布莱特癌症研究基金会。并且他还决定，退休后要专门向那些需要帮助的人们提供同癌症搏斗的方法与建议。

博萨以自己的人格魅力赢得了周围人以及了解他的人的极大

尊敬。他的热情、爱心和真诚就像熊熊燃烧的火焰，在几分钟内照亮了我们。几年中他经历了人生巨大的变动，而他的跨越坎坷的勇气也征服了我们，我们不自觉地认可他、靠近他，并对他的经历有强烈的兴趣，他感动了我们。

取得听众的信任

取得听众的信任要靠品行的力量，昆第廉对演说者的评价是："一个有非同一般的说话艺术的人。"皮尔邦德·摩根对演说者的要求是："人格魅力是得到赞同的最根本因素，它也同样是让听众信服的资本。"而亚历山大对演说者的概括是："一个人的话语能够表现出真诚，并且任何企图欺诈的人都不能模仿出这种真诚。"

特别是当演说的宗旨是为了劝服别人时，那他所做的演说中必须有占据一定份额的发自内心的话语，用真诚来打动听众是相当有必要的。在劝服他人之前，我们得具有劝说他人的手段，首先能将自己说服。

获得肯定的回应

"一种新的想法、观点或结论往往都是在刚被提出时被认为是正确的，然后被认可的，除非有一种对立的观点指责它。"这是西北大学前任校长华德迪尔·斯的观点，这个观点为听众对你产生一种认可心理的方法做了解释。我的好朋友哈利·奥维屈博士曾经在纽约社会研究学校进行过演说，这从听他演说过的听众的反映那里验证了这一说法的有效性：

"演说艺术高超的人，会把听众一直吸引在自己的鼓动下。始终牵引着听众沿着自己所指引的路线前进，就如同桌球一样，本来你是朝某个方向打，却因为中途有些偏差，等球弹回来时，就与你所期待的结果相差甚远。而在演说中你要做的就是避免出现这个偏差。"

应该说，搞清楚心理转变的方式并不困难。比如，当某个人心里说"不"的时候，其实，他口里并非仅仅表达"不"字，而他全身所有的器官、神经、肌肉、内分泌组织，都进入了一种反映"不"的抵抗状态。而如果他说"是"，那么这些抗拒的状态都会消失，态度也变为开放和认可。所以，如果掌握了心理转变方式，我们在演说时就需要取得很多"是"的赞同，那样的话就很有把握让听众将这一赞同的态度保持到听讲的始终。

让听众说"是"，虽然难度并不大，但是很重要，大部分的演说者却都忽视了这一点。或许会有人这样认为：一开始就有听众不同意自己的观点，这恰恰能够体现出自己观点的独特与重要。实际上，这是自找麻烦。如果你演说的目的是为了得到争吵的话，也许这么做还可以。但你若要达到另外一些目的，这么做无疑是非常愚蠢的。不管你的演说对象是什么人，一旦他们之中有人开始说"不"，那局面就很难扭转了。

那么，我们如何在演说一开始就能得到听众的认可呢？非常简单！林肯曾经说过："我的做法是，先从一个所有的听众都没什么意见的观点讲起。"林肯发现，就算在探讨废除奴隶制这一敏感的话题时，这个方法也有效。有一份记录林肯谈话的材料中记载："林肯的话已讲了近半小时，他的对手一直在听，且认可他说的每一句话。也就是从那时起，他便开始控制整个谈话的局面，慢慢将话题引到他要说的问题上了。"

因此，演说者如果很不理智地在观点上与听众抗争，其结果只会是激发他们的怒火，并使他们开始进行抵制，一旦这样，你就很难再掌控他们的思想了。如果你刚开始就讲："我要证明这个或那个给你们看。"听众就会感到讨厌并且在心里说："咱走着瞧。"

如果一进入正题，你就突出与听众都能认可的事实，然后逐步提出一些恰当的让每位听众都愿意回答的新问题，这不失为一种好方法。在引领听众回答这些问题并同他们一起找寻答案的同时，让他们不自觉地认可你的论点，进而他们也会心甘情愿地接受你的观点。辩论的最好方法，看起来仿佛是一场争抢的解说。

在很多争论中，尽管双方的意见分歧很大，争论得异常激烈，但最后也都能够找出一个让双方都能接受的共同点。下面举例说明：

1960年2月3日，英国首相哈洛·麦克米伦曾经到南非联邦的国会进行演说。当时的南非还在实行种族隔离政策。而麦克米伦在南非立法院的演说中则表达了英国对种族隔离政策的不同看法。但他的表达方式并不是一开始就表示出强烈的反对态度，而是强调了南非经济上的发展、对世界其他地区的援助等，接着，他非常睿智地表达了自己对这一问题的不同看法。即使这时，他还是没有表露出自己的立场，而仍然是不停地表示："这些差别都是基于彼此观念的不同。我们英国的公民，愿意对南非伸出援助之手。但令人遗憾的是，你们坚持的一些政策与我们很难达成共识。影响着我们之间的一些合作，因为在英国，种族之间的政治地位是平等的。我们不该干涉别国的政策，而要像朋友一样彼此帮助和鼓励。但事实是，在当今的我们，彼此在观念上存在着很多的差异。"

可见，不管你的观点跟演说者有多么大的差异，但由于演说者所阐述出的是一种没有任何瑕疵的公正的态度，就会让你不得不放弃反驳的心理。

假如麦克米伦首相面对两国之间存在的巨大的种族分歧，一开始就表示反对或提出抨击，而不是先找出利弊，那结果将无法想象。詹姆士·哈维·罗宾逊在他的《思想的起源》一书中，就此问题做了心理学方面的解释：

应该说，有时候让我们改变一下早已形成的固有的思想也不难，但如果是别人过来要求我们改变时，那么我们非但不能改变，还一定会觉得很气愤，并更如坚定自己不改变的决心。至于对已有的一些信仰，我们本来对其组织或形式可能也并不是特别在意，但是如果有人要强行将其破坏或者改变的话，我们会发现自己竟对这些信仰具有满腔的热情与坚定。显然，出现这样的感觉并不是这些信仰本身对于我们有多么的重要，而是强行的行为伤害了我们的尊严……"

"我的"这个词，是生活中备受我们尊重的词，有时它可以称作是人类智慧的源泉。无论你在说"我的这个""我的那个"，还是"我的爸爸""我的上帝"等，这个词都有同样的尊严。如果别人指出我们的表不准，或者我们的汽车很旧，会让我们很不高兴，甚至于对一些观念，比如某个表演技法、某个字的读法等，如果有人说"我的"观点不对，同样会引起"我的"不满。我们习惯认同一些习以为常的观点，如果有人质疑这些观点，不仅会让我们不愉快，还会促使我们找出理由来维护自己的观点，甚至还会发起反击。

让听众被你的热情打动

如果演说者在陈述自己的观点时具有很强的感染力，并且能够影响到听众，那么他的观点就很容易让听众接受。我所讲的"热情能够传染"指的就是这一点，这种热情可以让听众忘记你们在观点上的对立。假如你的目的是劝服听众，那么请记住：这时鼓舞听众的情绪要比鼓励他们思考的效果更好。

同冷静的思维相比，活跃的情绪更能够引起行动。如果要鼓动听众的情绪，演说者必须有能力把自己的热情传导给听众。不管演说的举例是不是真实、情节是不是杂七杂八、声音和手势是不是与表达的事情相符，如果在演说中你倾注了足够的热情，你的演说就是成功的，也势必赢得听众的支持。

假如你演说的目的是想加深听众对你的观点的印象，那你自己首先就要留给听众一个好印象。如果你的热情是真诚的，你的眼睛就会替你发射光芒，声音也会替你散播热忱，你举手投足的表现，都会传导给听众。

如果你在为劝服对方而演说，那你演说的每一个细节都要有能影响对方行为的作用。如果你表现得毫无影响力，那就别指望你的听众会听你的话。如果你表现出随便或尖酸的态度，听众的态度也就不会好到哪里去。伍德·萨兰克利·库雷特说："如果教徒在听布道时睡着了，那我们要做的只有一件事，就是递给教堂管理员一根细尖的棍子，让他立刻戳一下布道者。"

沃曾经受邀到哥伦比亚大学为一个演说比赛颁奖。比赛指定了三个裁判，我是三人之一。大概有六七个大学生参赛。他们每个人都接受过良好的演说训练，并都满怀信心。然而令人遗憾的是，他们将全部的注意力都集中在了怎样赢得那块奖牌上，却冷落了真诚地倾听他们演说的听众。

他们的演讲主题听上去明显与个人的兴趣无关，而只是便于演说技巧的发挥。因此，所谓的演说比赛被演说者扭曲成了演说艺术的表演。

但我需要特别提出的是：有一位来自祖鲁的王子除外。他的演说题目是《非洲对于现代文明的贡献》。只有他的演说每个字句都充满着强烈的感情，而全然不是仅仅为了表现他的演说技巧。他用生动的事实、饱含真诚的热情和信念说话，他的演说结果让大家都对他的祖国及他个人刮目相看。

出于他的智慧、高尚的品德及善良的内心，向我们传达祖鲁人民的期望，以及了解我们的渴望，最后，我们将奖牌颁发给了他。尽管在演说技巧方面他落后于其他人，但是他言语真诚，那些真实的情感深深感动了我们。相比之下，他在演说中流露的真诚要遥遥领先于其他几名演说者，他得到奖牌当之无愧。

祖鲁王子来自遥远的国度却能在这里打动我们，这对其他演说者来说不能没有启发：演说者光凭讲道理是不能让听众信服的，你必须通过演说传递给听众，让听众了解你是怎么被演说的内容所感动的，只有这样的演讲才会让人印象深刻！

尊重并热爱你的听众

爱德华兹·尼索斯博士曾这样说过：

> 人性之中有一个普遍的共性：就是需要爱与尊敬。每个人的内心都存在着这么一份固有的价值认可，他们渴望拥有维护自己尊严的权利。假如你在这方面忽视了对方，你便永远地失去对方的支持。反之，如果你对对方表达自己的爱和尊重，不仅可以使对方得到满足而且会更加的快乐，同时对方也将以加倍的爱与尊重作为回报。

> 一次，我同一位演艺界人士参加一个节目。在那之前我们并没有过往来，更不熟悉，但自从参加了那次节目之后，我感觉到了我们之间很难相处，并且我也弄清楚了其中的缘由。那天，我坐在他身旁等待演说的开始。他问我："你是不是很紧张？"我回答说："是的，每次演说前的几分

钟，在我站起来之前都是这样。我很在意每位听众的目光，也希望不会让他们感到失望，因此会有些紧张，你不是这样吗？"

"这么紧张干吗？"他回答道，"让听众快乐不是很容易的事吗？他们不过是一群任由我摆弄的笨蛋而已！""我却不能苟同，"我说，"他们是公众，我们要尊敬他们。"

后来，皮埃尔博士告诉我说，这个人的名声与日俱下。我心里清楚，这是因为这个人对观众态度恶劣。对于一个刚准备开始演说的人，这是一个值得思考的教训。

态度友好地演说

有一位无神论者想说服威廉·佩里也坚信：宇宙里并没有什么超自然现象。佩里一言不发，而是从兜里掏出怀表，打开表壳说道：

如果我对你说，这些齿轮、杠杆与弹簧都是自然形成的，并且自己组合起来，然后进行着有规律地运转，你肯定会说我是个疯子。到了夜晚，我们一抬头就能看到天空中有数不尽的星星，但它们都有自己的运行轨道，行星同卫星围绕恒星每天以至少100英里的速度运行。每颗恒星的周围都有一群围绕着它的卫星和行星，构成如同我们太阳系一样的星系。

它们运行得如此协调，各行其道互不相撞，也不会彼此阻挡。这一切就仿佛是井然有序、效率稳定的巨大车间。你会相信这一切都是自然存在的吗？恐怕你也不得不承认宇宙中有着一种超自然的存在吧？

设想一下，假如佩里先生一开口就这么说："什么？没有神？你疯了吧？你说话从来这么不经过大脑的吗？"结果会怎么样呢？我们很容易想到结局，他们之间定会有一场激烈的唇枪舌剑的辩论，而这种辩论解决不了任何问题。

无神论者会像一头发疯的狮子，为维护自己的信仰和自尊，不顾理智地驳斥佩里的看法。他之所以会有这种反应，是符合人的心理特点的，奥维奇教授对此反应也做过很明了的描述："他由外部的认知而形成的观点，一旦遭遇外界的打击，就会立即进入反击状态，根本没空理会对方的反对是否有理。因为他本性中珍贵的尊严遭到了打击，这是当前所遭遇的最大的危机。"

尊严是人性中最敏感的话题。因此，如果我们对此有了深刻的理解和体会，对于"尊严"的维护，就可以成为我们表现主题的利器。那我们该如何去做呢？佩里教授的话可以被我们所采用，就是：在一开始时便求同存异，先告诉听众你的看法与信仰跟他们是一致的，或是只有一点小的差异，之后，不管你对哪一方面追究，他们也不会同你作对了。因为听众一旦认可了你的观点，就不可能再轻易地提出与你相悖的观点。

佩里教授是一位研究人类心理活动的专家。他说，一般人对别人心理的研究方面不在行，因此他们在对除自己以外的其他人的内心认知、了解是很困难的。此外，普通人还抱有一种错误认识，就是以为一旦了解了人们的内心，再针对这一认识发起正面的进攻，将会完全攻破对方的观念。

其实，这种认知是浅薄的，这么做的结果只会弄巧成拙，因为在别人看来，当他发现你的意图时，只会在你进攻的同时本能地对你产生敌意，并且会果断地关闭与你进行心灵交流的大门。同时，他们还会像武士一样把自己武装起来与你对抗，他们全然否定你的看法，来让自己的信念更为坚定，最终的结果就是，他们所坚持的看法不会有丝毫的改变，你所有想说服对方的努力都将成为一场空。

其实，我想介绍的方法并没有新的创意，我只是在传播前人的意念和做法。

古时候的保罗曾经在雅典摩斯山做了一场著名的演说，在这次演说中他非常娴熟地运用了一种演说技巧，并因此而千古留名。保罗曾接受过高等教育，在他接受了基督教以后，便为传播教义而四处奔走演说。有一天，他来到雅典。当时雅典正处于庞里可斯后期，社会状况已经与以往大不一样，希腊正从鼎盛时期开始走向衰落。就像《圣经》中所描述的："雅典人及住在那里的外来人都好像没有什么其他的事情可做，只是每天一门心思地去谈论或听他人谈论最新发生的事情。"

当时还没有收音机、电信设备及其他任何的现代传播新闻的媒体和工具，那些雅典人每天只能靠自己四处打探来获知信息。而此时，保罗的抵达刚好能满足他们的好奇心。他们把保罗围住，觉得新鲜而好奇，还将他带到阿拉伯，对他讲："你所说的这些新鲜事，我们也能了解吗？因为你了解一些新鲜事，我们非常想知道他们是什么意思。"

其实他们的本意就是要请求保罗为他们演讲，其实这也正合保罗的本意，他正是为了这一目的而来的。于是，保罗爽快地答应了他们的请求，尽管保罗答应了他们的请求，但保罗并不赞同雅典人请他以新教、奇事等为由为他们进行演说，因此，他要改变雅典人心目中的这一观点。雅典虽然是一个可以海纳百川的地方，可是保罗并不想让自己传播的基督教义被当地人理解成为一种奇怪的、特殊的事物。

为了不让雅典人对这种信仰感到迷惑，也为了实现在雅典传教的目的，保罗决定在演说中将自己的信仰同雅典人原有的信仰结合在一起说，但具体施行起来难度很大，这需要一个十分讲究技巧的方法。他冷静地思考了片刻，终于开始了这场名垂千古的演讲：他往一块木板上面一站，同很多优秀的演说家一样，起初有点紧张地搓搓手、清清嗓子，然后才开始演说："尊敬的雅典人民，我感到了你们对神的敬畏，即使是一些小事情也体现了出来。"有些版本的《圣经》是这么记载的"你们都十分虔诚"。我觉得前者说得更好，也更加准确。你们雅典人祭拜很多的神，对自己的信仰笃信不疑。

保罗这么讲很明显是在赞扬他们，让他们听到后觉得满足和愉快。这样的演说，自然会拉近同他们的距离。而这也是演说艺术中体现出的一项重要的技巧。保罗接着说道："在你们的祭神仪式上，我看到一座神坛，上面书写着：给未知的神。"

由此可以看到，雅典人对神是多么敬畏、虔诚！生怕冷落了任何一个他们还不相识的神灵。这座祭坛的设立，就如同上了一份综合保险一样，涵盖了所有可能的险种。保罗是在赞美雅典人敬畏每一尊神。

他这样说，表明他的赞美之词并不仅仅是客套而已，而是建立在事实的基础之上。然后，保罗非常巧妙地引入自己要表达的主题："现在让我来告诉你们那些你们不认识而祭拜的神吧……"保罗只是列举出一些简单的事实，便将自己的信仰同雅典人原有的信仰统一联系起来，演说之巧妙让人赞叹不已。

接着保罗又向他们介绍关于人的原罪及耶稣复活的事情，所用的也是些希腊诗句，最终他成功地完成了演说。尽管也有人表示反对，当然，如果你期望只通过一次演说，就能完成你要达到的让所有人都改变信仰的目的几乎是不可能的，但是还有很多人表示："我们还想听你说这些事情。"

因此，要想说服别人，或者让别人对你的话产生深刻的印象，最好的方法就是将你的观念像种子一样撒入他们的心灵和思想，但不要引起对方的敌意。如果能做到这点，那么在听众心里产生出来的就一定是按着你的意愿播下的种子所结下的果实。

这些宝贵的原则在我写的《人性的弱点》一书中有详细的论述，它们对于提高你们的演说技巧会大有帮助。

每天你要同其打交道的人中，不乏与你意见相悖的人，而你此时所要表达的却是与他们力图达成共识。你是否想尽可能地去改变这些人的看法，让他们认同你的观点？要如何改善呢？是运用林肯模式，还是麦克米伦方法呢？对此，伍德罗·威尔逊总统的建议可能会让你的眼界豁然开朗：

"我提议，我们大家坐下来讨论。假如我们的观点不同，就让我们找出最大的矛盾所在，也就是问题的症结是什么。"而一旦我们真的认真起来的时候，我们会发现：实际上我们只是在某些观点上有细微的不同，大部分还是一样的。只要相互之间有耐心，真诚相待，最后肯定能达成共识的。

成功即席演讲

前不久，一群商界人士与政府官员一同前往一家刚建好并的投入运营的制药厂参观。这个药厂的管理人员指定了六七位制药专家，为参观人员介绍药厂目前的研究成果和经营情况。前不久，他们刚研究出一种新的疫苗，对流行性疾病的抵抗效果非常好，新的抗生素能够杀死和过滤病毒，还能用来制造新的药剂等。先是用这种药剂在动物身上进行实验，当确定绝对安全后，又运用到人类的临床治疗，都收到了十分理想的效果。

"你们就是人类健康的保护神！"一名上级官员对研究主任说道，"你的这些研究人员就是人类的保护神，我们欢迎您到台上讲讲心得！"

"我只敢低头对自己的脚尖说话，从来不敢面对听众。"研究主任有些战战兢兢地回答道。

但在吃午餐的时候，司仪仍旧恶作剧似的不肯放过他，故意提醒在座的人说："研究主任还没有发表过感言呢。"司仪说道，"他的确羞于在这样的场合发表正式的演讲，但是我相信他肯定不会放过讲几句的机会的。"

当时，气氛尴尬至极。研究主任只好站着简单地讲了两句，并不断地对现场的人道歉，这就是他演讲的全过程。

像这个研究主任，在他自己的研究领域可以说是游刃有余，一旦让他面对听众讲，便胆怯得不能自主，是多么令人遗憾啊！人人都要学会站起身，对着公众随意洒脱地即兴说两句。

在我们的训练班中，每个学员都有了这样的本领。刚开始的时候，也有像上面介绍的那位研究主任一样的学员，不敢对着众人开口讲话。但是没过多久，当他们掌握了要领后，就没有什么克服不了的困难了，人人都能够完成任务。

"如果给我机会，并让我经过适当的练习，那我很容易就能起身发表演讲。"你也许会这么说，"如果当场让我站起来即兴发言，那我就会发怵。"这是大多数人都有过的经历。

在较短的时间就能快速地把自己的思路归纳整理好并表达出来，是一项非常重要的能力，它要胜过在较长的时间里准备长篇演说的能力。由于现代社会越来越商业化，在生活中，面对面交流越来越频繁。在和他人沟通过程中，能立刻整理自己的思路，并且顺畅地表达出来，在当下是一种不可或缺的能力。如今，所有的公司，以及政府部门出台的重大提案都是相互讨论的结果，都不可能是由一个人来完成的，而是由许多人在会议桌上共同探讨得出的。而此时也正是你的才智得以充分展现的时候，如果你的观点缜密精道，再加上表达流畅，这便是即席演说能力的重要体现。

1.应急能力训练

应该说任何一个智力正常，并能适度自我控制的人，都可以进行得体的甚至让人称赞的即兴演说。所谓的即兴演说或者说是即席演说，指的是"没有做过任何事先的准备，完全是随机做的发言。"一个叫道格拉斯·费邦克的影视明星在《美国》杂志上发表了一篇文章，介绍了一个影星常玩的用于锻炼应急能力的游戏，现在简单引用如下：

我们每个人都会想一个演讲题目，并将其写在纸条上，再将纸条折叠好放入一个盒子中摇摇。接着每人从中抽取一张纸条，根据纸条上的题目依次登台做一个一分钟的演讲。这些拟好的题目都是不相同的。一天晚上，我抽到一张写着"谈灯罩"的纸条。你肯定会觉得这怎么谈啊？但我当时一点都不觉得为难，而且说得还很不错，这可以从其他人给予我的掌声中觉察出来。你也可以试试。

其实重要的是，我们每个人都从这个游戏中得到了锻炼，大大增强了我们即兴演说的能力，我们因此获得了许多宝贵的经验。但更令人高兴的是，我们学会了如何在有限的时间里围绕一个题目去确定主题、组织语言，学会了如何站着冷静地思考。

在我们的训练班里，学员们有很多的机会作即席演说。我从多年的教学经验中归纳出一个结论，这种训练能达到两种效果：

第一，有助于培养学员们站起来思考的能力；第二，即席演说能力的提高会使得他们对准备充分的演说更有自信。对于这一点学员们自己也发现，如果在演说中有意外发生，他们还可以通过即兴的演说来应付，直至重新回到先前准备的思路上去。

确实是这样，在训练课上每隔一段时间，我们都会给班上的学员布置这样的功课："今晚你们都将被分到一个跟其他人不一样的题目，但是，在演说之前，你们所分到的题目都是保密的。"结果会如何？一个会计登台前发现自己分到一个"谈广告"的题目，而一个广告行业的学员分到的题目则是"说幼儿园"，一位教师分到的题目是"谈银行"，而一位银行高级经理人则要就"学校教学"谈建议，一位书记员抽到的题目是"说生产"，而生产专家则会不幸地抽到"说交通"。

虽然这样的巧合让他们感觉很刁难人，但是对于这样的结果这些学员从来不曾表示过抱怨或放弃。他们不会让自己以行家自居，只会在自己熟悉的领域里阐述自己的看法。当然，刚开始时大家的演说谈不上有什么水平，但是有一点是肯定的，他们已经都能够不带一点怯懦地站起身来张口就说。对有些人来说，这或许是很平常的事，但对有些人来说，这是具有挑战的，很艰难，但他们并没有放弃，反而发现自己最终赢得了胜利。他们甚至不敢相信自己也具有这一能力。

我相信，这些人能够做到，其他人也同样能做到，只要刻苦努力并坚定自信心，再多加练习，看上去很难的事也会变得做起来越来越容易。

另外还有一个叫"接龙游戏"的用于训练即席说话的方法。

这个方法是：首先由一位学员讲述一个故事的开始部分，然后再由另一个人接着说下去。举个例子，第一位学员这样开始："一天，我驾驶着直升机在空中巡逻，突然看到远处有一群飞碟正在朝着我渐渐飞来。我开始降落，但我看见距我最近的一个飞碟中，有一个体格瘦小的人开始朝我开火，我……"

此时，铃声响了，铃声提醒第一个学员演讲的时间到，接下来，第二个学员将这个故事继续讲下去。等每个学员都说完了，故事的结局就荒诞不经地结束在或许是火星，也许是在众议员的大厅，也许是在公园里，等等。

这也是锻炼即席演说技巧的方法。经常做些这类的练习，等实际需要进行即席演说时，就不会感觉很为难。

2.做好即兴演说的心理准备

当有人要求你做即席演说，而你又不能拒绝时，你需要就某个话题发表自己的观点。也就是说，面对当时的情景，你必须在短时间内想好你要演说的内容。要想做到应对自如，让自己有较为宽松的思考时间，最好的方法就是随时把自己想象成是下一个演说者。假如你参与一个会议，在主持人讲过之后，你突然被要求当众发表演说，这时，你该坦然接受，还是当场拒绝？

这里，我要告诉你的第二个建议是：无论在什么场合或情形下，只要你被邀请参加一些会议，就要随时做好要演说的心理准备。

首先，你需要在心里打一个腹稿，这个环节并不困难。我相信每个即兴演说的高手在准备一个聚会前，都需要用相当长的时间去做准备，至于如何确定腹稿的内容，则需要分析当时的场合，以及与场合相关的话题，这就好比飞机驾驶员要时刻准备着应对可能出现的紧急情况一样。善于即席演说的人，其实也是一个时常有所准备的人，因平常就勤加练习，对那么所谓的即席演说也就不那么害怕了。

如果你果真被指定做一次即席演说，接下来的问题就是怎样安排材料，调整时间并适应现场状况。即席演说的时间一般不会很长，需要在有限的时间内敲定你所需的材料，当然，材料要符合现场的话题。在演讲时，要避免说"准备不充分"或"抱歉"之类的话。你要尽快进入话题，后面有几点建议可能有助于你迅速安排好自己的演说。

3.从举例开始

我为什么要提出这个建议呢？主要有三个方面的理由：

第一，由于我们强迫记忆的东西往往都来源于自己的经历与实践，所以，表述起来没什么困难。这样，你可以通过举自己的例子来忘记"头一分钟的焦躁"，立刻进入状态。

第二，有利于抓住听众的注意力。就像我们在前面已经讲的许多例子一样，因它来源于你特定背景下的经历，听众特别迫切地想知道结果，所以容易被你举的例子吸引。

第三，应该说，你的演说有没有吸引住听众，在你演说的头一分钟，就可以看出端倪，所以第一分钟对你的整个演说至关重要。演说者与听众的交流是相互的，在演说过程中，演说者对听众的表情非常敏感，一旦感觉到被听众认可或者期待，演说的兴致也会变得很浓，并通过热情的演说来回应和报答听众。这样，演说者同听众之间的气氛会变得非常融洽，这样的场面是每一个演说者都期待的，也是成功沟通的关键所在。因此，我建议你们从举例开始。

4.让表现活泼有力

本书在前文也已讲述过，在演说中，如果演说者能充满激情，声音响亮清纯，浑身透着活力，那么就会体现出一种非常好的演说状态。你见过演说者在演说中时常使用手势来表达的吗？在开始使用手势后，通常表达也会变得更为顺畅，甚至会妙语连珠，引爆当时的场面。

人的生理活动与其精神状态是息息相关的，现在我们举个例子来予以说明：平时，我们习惯使用同一个词语来表现思想上的活动，比如"捕捉一个想法""去掉一个念头"等等。威廉·詹姆士就曾说过类似的话，他说："一旦我们的头脑里充满了足够多的意念，我们的精神也会立刻振作起来"。因此，演说的时候要注意全身心投入，要表现得活泼有力，这样肯定会获得听众的欢迎。

5.随时随地进行练习

你是否遇到过这样的情况：你正在集中精力听某人的演说，忽然有人拍了拍你的肩膀，说："讲几句好不好？"在此之前，你可能没受到过一点暗示。这个时候，你会发现周围人们的目光一下子全都聚焦在自己身上，你可能还没弄懂发生了什么，却已经被邀请上了演讲台做即席演说。

在这种没有丝毫准备的情形下，你很有可能都不知道从何说起，没有一点头绪。就如同传说的那个迷糊的骑手史蒂文·李卡克一样，一骑上马背，就像只没头的苍蝇"四处乱窜"。而此时，你最需要做的事情就是，让自己赶快镇静下来，弄清楚聚会的性质，并考虑好演说的内容。一般来说，听众最感兴趣的是他们自己。因此，在确定演说内容时有三个方面可供参考：

第一，说些你认识的人的事，说他是怎样的一个人，他的经历，特别是他对社会或者公众做过什么贡献等，并举出实例说明。记住，这是一种不得已的讨好听众的办法。

第二，说一些与场合的气氛相适宜的话。不用说，你肯定清楚此次聚会的目的——或者是纪念会，或者是颁奖晚会，或者是其他什么聚会，不然你也不会来的。

第三，如果你留意到了之前的演说者及其所讲的内容，那在你在演说的时候，先提及或者表示赞扬他们一下，也不失为一种好的选择。既然是一次即席发言，内容一般都与现场气氛有关系，比如听众、场面及其他演说者的印象，等等。他们的演说就像特制品，是特别为这一情景量身定制的。因此，你的这一做法定能赢得大家的好感，也是意料之中的事。

6. 即兴演说不是谁便说说

这也许与我先前论述的演说技巧有些背离，但核心却是不变的。即兴演说并不是胡说八道，虽然即兴演说很短，但表达的内容要清晰而有序，所列举的事例要能突出主题。如果你表现得满腔热情，就会发现，即使没有做充分的准备，演说也同样活泼，且具有感染力。

假如本章所讲述的这些建议你能熟烂于心，并针对性地加强练习，那么对你来说，即兴演说只不过是你擅长的众多演说类别中一个类别而已。当然，你需要不停地体验、实践。如果你要参加一个会议，你可以在事前就做好准备工作，准备随时做个简短的讲话。而且你最好要把这个当成习惯。

有时，你也有可能会被突然叫起来，要求对他人的讲话进行评论，或提出一些个人的观点。所以，在他人讲话的时候，一定不能走神，且要随时准备几句简洁经典的话以备不时之需。当你真的被叫起来发表即席演说时，就可以讲一下事前准备好的观点，这样就不至于面对突如其来的情况，不怎么该怎么张嘴了。

诺曼是一名建筑大师，他经常说的一句话是：只有在站着的时候才能将想法转化为语言。当他为同事讲解建筑或者设计理念时，经常在办公室内走来走去，并且讲得非常精彩。当然，他也经常坐着发表演说，这对他来说并不是问题。但对我们中的许多人来说，站起来讲话就比较困难了。因此我们很有必要学习站起身说话。

其实做到这一点也不是很难，关键是对其要有正确的理解，并认识这一能力的重要性。让站起来演说成为一个习惯，你可以和任何人进行简短、高效的对话。并且，你会发现，站着进行演说并非是一件很困难的事，而且每一次你都会有所进步。最终你会意识到，当众发表即席演说与我们平时和朋友对话没有什么本质上的区别。

第四篇

演讲的沟通艺术

避免自我意识的干扰

通过总结自己的实践，我得出了这样的经验：人与人之间的沟通大致有四种方式。所有人都是在用这四种方式进行交流。这四种方式分别为：一是我们做过什么；二是我们看起来如何；三是我们讲了些什么；四是我们是怎么讲的。在本章，我们首先讨论最后一种方式，也就是"我们是怎么讲的"。

我最初开办公共演说课程时，曾为学员们设定了很长的时间来做发声练习，练习的主要方式是，让学员们借助共振来提高音量，并要求他们尽量做到慷慨激昂、抑扬顿挫。可不久之后我发现，要想让这些成年人把音调提到最高，并流利地发出元音，几乎是不可能的。

这种注重发声的培训对于那些肯花时间来强化说话技巧的人来说，可能会很有意义，但对于参加速成班学习的学员来说，只能保持原有的发音习惯了。

此外我还发现，将时间用在其他方面反而会取得更好的成果，比方说，帮助学员们练习"横膈膜呼吸"，或者帮助他们改变怯场或其他不利于演说的习惯。这些培训方法都收到了意想不到的效果。这也是上帝的恩赐，最终使我找到了这种好方法。

为了让学员不受自我意识的干扰，同时让他们在听众面前调整好自己的情绪和姿态，我有针对性地开设了一些培训课程，目的是要帮助学员们克服怯场的心理。为此，我鼓励学员抛弃掉那些负面的心理因素，让自己主动地融入听众之中。

其实，只要演说者能向听众敞开心扉，相互之间如朋友一样交流、互动，那双方之间就不存在任何的沟壑。我承认，为了做到这一点，我确实花费了很多工夫，但是我觉得这样做十分有意义。法国的马歇尔·富希将军在提起战争艺术时说道："它看着相当的简单，说起来却有些复杂。"

同样的道理，当我们倾听那些优秀的演说家当众侃侃而谈时，不仅会惊叹他们的妙语连珠，也会为他们表现出来的坦然自若而折服。他们的演说看起来那么自然得体，而他们的这种演说艺术可不是一蹴而就的。为了使学员们了解这一点，必须消除他们的局促不安，改变他们的固执与不良习惯，这样他们才能丢掉包袱，轻装上阵。

对于任何一个人来说，能坦然地站在大众面前演说都不是一件容易的事。也许，演员在这方面有更深的体会。实际上，一个三岁的小孩可以轻易做到这一点，可能他还没有讲台高，但他却无畏于众人，说个不停。而在他二十四岁或者三十四岁的时候，再叫他上台说两句，情形就会大不一样，他一定不会像三岁时那样无拘无束地演讲！绝大部分人会变得拘谨、呆板，放不开自己。那形象就仿佛一只被雷声吓到的乌龟一般，刚把头伸出来四处张望一下马上又缩进壳里了。

在成人演说培训时，不能以改变他们的发声为重点，重点要放在帮助他们清除心理障碍上——解除他们心中的枷锁，让他们具备自然表达的能力。这样，就算在演说过程中有意外发生，他们也能得体地应对。

在训练班上，我曾无数次打断学员们的演说，鼓励他们"跟普通人一样说话"。也记不清楚有多少个夜晚，为了想出让学员自如表达的对策而绞尽脑汁，即使在家中，也会感觉身心疲惫。有些事情说起来容易，做起来真的很难。

在一次训练课上，我让学员们练习情景对话，并让他们分别扮演不同的角色，一些角色的台词还要求用方言来说。我让他们尽可能地进入角色，不要轻言放弃。结果在表演结束后的讲评中，他们对于自己的表现都感到很意外，尽管演技距离专业有些远，但是他们在演说过程中的表现让对方都刮目相看。我对他们说："在演说过程中，如果你发现经过精心梳理的头发散了，但你一点也不介意，还可以和平时讲话一样自然，那说明你的演说已经达到了和平日说话一样流利的境界了。"

这时，你已经有了毫无拘束的感觉，也已学会了顺畅地演说。为什么人们会喜欢去看话剧或去看电影呢？这是因为在那儿，不仅他们的心灵会受到陶冶，而且整个人也会融入剧情所渲染的感情和氛围里。

保持自己的个性

一个优秀的演讲者，他在演讲时所表现出的天赋让我们羡慕，他们无惧于表达自己的看法，并能把那些独特的、富有想象力的，又极具个性的方式，展现给听众。

第一次世界大战结束之后，我在伦敦遇见了老朋友罗斯·史密斯与凯恩·史密斯兄弟俩。他们因为完成了从伦敦到澳大利亚的首次飞行壮举而获得澳大利亚政府5万澳元的奖金。同时，他们这一壮举也在整个大英帝国引起了轰动，英国女王特意授予他们一个爵位，以示奖赏。

圣·克莱尔上尉是一位著名的风景摄影师，在两兄弟的首次飞行中，他一直随同他们坚持飞行到了最后，而且用相机拍下了许多传世的相片。我是在伦敦的"爱乐厅"认识他们的，我帮助他们兄弟设计同演说相关的飞行画面，以求展现最好的视觉效果，同时还要培训他们如何才能更好地把这次非凡的飞行经历介绍给听众。他们在伦敦进行了好多场演说：每天下午一场，晚上一场。兄弟俩轮着演说。由于效果十分理想，所以演说持续了4

个多月。

可以说，这两兄弟的经历是相同的，一起飞行穿越半个地球，并且他们的演说词也相差无几，连所用词汇也大同小异。但是，如果你听了他们的演说，你会觉得他们各自在述说着毫不相关的事情。

为什么会有这种神奇的效果呢？这要归功于演说里的几个关键词。这些极具个性的词汇，赋予他们的演说以不同的感觉。这就提醒我们，在你对听众叙述自己的经历时，即使是描述同一个细节，也不要重复使用同一个词！

布鲁洛甫是俄国的大画家。有一次他在批改一位学生的作业时做了一点小小的改动，这位学生看到后非常惊讶，不禁惊叫道："天啊！怎么只改动了一点点，感觉就大不一样了呢？"布鲁洛甫告诉他说："这边边角角正是艺术的生命所在。"

确实，绘画的道理与演说艺术一样，甚至一句精妙的表达也能让一个演说增彩。据说，在英国议会里流行一个这样的说法："所有的事情都取决于人们的表达方式，而不是看它本身的真相。"这是著名的教育家昆提连早在罗马帝国殖民统治英国时说过的一句话。

我们能制造出成千上万辆一个样式的汽车，却找不到完全相同的两个人。每个生命都是一个独立的个体，就像在世界上找不出完全相同的两片树叶一样。年轻人也要学会这么去认识自己，即在自己的性格中找到有别于其他人的一面。正是由于这些独一无二的特点，使得每一个人都区别于其他人，并且每个人还可以据此而发掘出自身更深层次的价值。社会经常试图用同一个模具来打磨所有人，这是徒劳的，也是不可能的。但是我想强调，不要磨灭掉我们生命中的闪光点，这是我们能够立足于社会的重要资本，也是唯一的资本。

可以说，这也是成功演说的最高境界。我再强调一次，在地球上，没有另外一个与你完全一样的人。虽然人人都长着同一样的形体，但人人都有差异，在其他人中更是没有谁跟你的个性、爱好及思想完全一样。

即使你很随意地说一句话，你的这种表达自己观点的方式也很少会和他人相同。这就是你的特别所在。对于一个演说者来说，独特就是演说的资本。必须把握好它！利用好它！珍惜它！它会为你的演说带来极大的魅力，也是你的演说区别于其他人演说的重要特征。记住，你们千万要把握好它，不要磨灭掉自己的个性，那样的话你将显得毫无特点。

同听众进行互动

下面举个例子，看看另一种演说方式。

一次，我在瑞士阿尔卑斯山下一个风景秀丽的城市做短暂的逗留。那里，有一家英国人开的饭店，饭店老板很喜欢演说，每个星期他都会从伦敦邀请一些人来此演说。有一回，他邀请了英国一位知名的小说家来演说。这位女士演说的题目是"小说的前景"，而所选的题目连她自己都并不太满意，但她对此并不在意。她所在意的只是，能否将自己眼中的价值传递给听众。于是，她匆匆拟就一个并没有什么深义的提纲，然而，当她面对听众演说时，却犯了个大错误，那就是她完全把听众撇在一边，从没有将视线落在听众身上，或者低头看着底稿，或者仰头望着天花板，言语运用也完全不像一个小说家，含糊不清，声音似乎从很遥远的地方传来，充满了原始的力量。

这根本不能算是演说，只是在说梦话而已，整个演说过程中没有与听众进行任何互动与交流。令人遗憾的是，这位女作家此时完全不知道，她与听众的互动如何决定着她的演讲结果。在听众倾听演说时，他们希望演说者说出的话正是他们内心所想的，同他们的思想彼此相融。只有这样的演说才能发人深思，达到预期的演说效果。

上面例子中那个小说家的演说，就像面对沙漠的风化物和戈壁上的遍地黄沙做祷告一般，演说者没有认识到她面前是活生生的人。

我讲的刻薄一点，如今许多关于提高语言表达能力的书都是在欺骗读者。它们用一些标准和规则将"语言表达"弄得很神秘，就像古老的"雄辩术"，如果你要真的把这些所谓的演说标准或规则用到演说中，将会显得非常的可笑和荒诞。

我劝那些要学演说的商人们或政客们，不要去书店或者图书馆寻找有关"演讲术"的书籍，因为那些书对提高你的演说技艺没有任何作用。如今，虽然学校在演说教学方面取得了一些成果，但仍然教不出优秀的演说人才，那些言语华丽而不实用，诸如《演说者的雄辩术》等书就像一台老旧的抽水机，该被淘汰了。

在20世纪初期，有的学校已经开设了演说课。从经济和社会角度看，这种课程是具有现代气息的。演说教程直接运用了图表，还有广告。但是，里面仍保留有曾经流传一时的陈词滥调，在今天的听众听来，显得太俗气了一点。

当今的听众，不管是在召开商业会议上的十几个人，还是广场上聚会的千余人，他们要求演说者的演说轻松活泼并具有时代感。演说者要让听众感觉到自己在同他们交流。演讲者对着几十名听众演讲，一定要比对着一个听众演讲要更费脑筋。为了取得成功，他只有努力让自己看起来更加随和，从而带给听众一种亲切感。

有一次，马克·吐温在美国内华达州军营的演说一结束，就有一个老者走过来对他说："能不能让你的演说听上去显得自然一些呢？"

"让演说听起来很自然"，这是听众的期望。怎样才能让演说更加自然呢？唯一的办法就是练习。在练习时，如果发觉自己有些习惯性的表达，听上去不太自然，那就要果断抛丢弃那些内容。接着，你可以想象从听众中请出一个人，不管他是什么样的人，不管他是否在认真听你演讲，你跟这个人交流，并且请他提出问题，而你必须做到有问必答。如果他是站起来的，那你也站着回答他。

经过这样的练习，你的演说将会变得愈加自然，就像是平时与老朋友聊天那样的随意，表现得不拘谨、做作。有一点必须要注意，就是在你进行做相关练习的时候，一定要从实战出发，假想自己正面对着真实的听众。

经过一段时间的训练，任何人都会有长足的进步。比方说，你在演讲中可以这样提问："大家心里可能会有这样的疑问：你的观点有足够的证据来证明吗？当然，我确实有充分的证据来支持我的观点，下面我就开始举证……"接着，继续回答自己的提问。如果经常坚持这样的练习，将来登台演说，你会显得更为轻松，就像在跟朋友闲聊。

　　如果是与社区委员会里的人谈话，你应该像在与一位熟悉的老朋友聊天一样，社区委员会没有什么特别之处，它就是由一群老朋友聚起来的一个群体。你独自面对一位熟悉的老朋友时能起作用的方法，拿来应对其他人时也一样起作用。

　　现在，你是否还记得在这一章的开头，我们曾讲的那位小说家演说失败的故事？过了几个晚上，也就是在她演说失败的那个大厅内，我们很荣幸地听到了奥利弗·劳兹爵士题为"原子与世界"的演说。这个题目对于奥利弗来说应该非常轻松，可以说是游刃有余，因为他从事这一研究已有半个世纪之久，他始终在思索、实验与探究这一问题，甚至他已经彻底地将自己的灵魂、思想与生命融入其中。

　　有关这个题目，他觉得自己有一些东西必须得告诉听众。在台上，他忘记了自己是在演说，他心里只想着如何才能把自己所知道的关于原子的事告诉听众，并且尽量以准确、顺畅且充满人情味的方式向大家解说。他在台上热情饱满，尽情地同大家分享他的所见、所想。

　　结果怎样呢？他进行了一场非常精彩的演说，魅力无限。他的演说让听众流连忘返。可以肯定地说，他想都没想过自己竟会成为一名优秀的演说家，还可以肯定地说，凡是听过他演说的人，也绝不会把他作为一名公众演说家来看待。

　　假如在你演说之后，听众觉得你一定接受过演说方面的培训，这对你来说可不是什么好事情。你千万别认为，这是在给学校或者是老师增光。相反，身为你的老师，都希望你们能用轻快自然的心态去演说，不要在意听众是否在想"这个家伙接受过正规的培训"。

好的窗户，不是用来惹人眼球的，它的作用是默默地让光线通过。好的演说家也应如此，他所做的演说自然也是光明磊落，听众也不会在意他说话的神情，只注重品味演说者所陈述的观点。

投入真诚和热忱

不管做什么事情，只要你投入了真诚和热忱，都会得到好的回报。跟着自己的感觉走，内心真正的情感会自然流露，热情会帮你清除所有心理障碍，让你的行为回到最原始的自然状态，言语也就变得自然，更能展现真实的自我。

总之，如果有人再问成功演说有什么窍门的话，那我可以告诉你，也是本书一再强调的：全身心地融入你的演说。耶鲁大学神学院院长布朗讲过一个故事，对于我们的演说有很好的启示。以下是他讲的故事：

我的一位朋友在伦敦出席了一次教堂仪式，之后他把当时的情景描述给我。这位朋友说，当天做布道的是著名的牧师乔治亚·迈克唐纳。面对着前来听讲的众教徒，他念完《新约》的经文后，意味深长地说："大家都听说过，先知是如何执着于自己信仰的，他们的事迹你们也都知道。对于什么是信仰，我也不必多说，这是神学教授们应尽的职责。

我到这里来的目的是帮助你们树立自信的。"然后，他述说了自己永恒超然的信念，希望以此为前来听讲的教徒树立坚定的信念。

他的演说得到了听众的普遍认可，反响也非常好。之所以有这样的结果，完全是由于出自他心灵深处的诚恳话语打动了听众，因此，他的思想给人的感觉是美善的。

乔治亚·迈克唐纳成功的秘诀，简单地说，就是全身心地投入自己的信仰和事业中，当然，这一秘诀也适用于任何人。可令人遗憾的是，并不是所有人都遵照这个秘诀去行事，可能是因为它做起来让人感觉不是很轻松。对于一般人来说，他们更希望能得到简单明了、轻易就到手的秘诀——比汽车驾驶手册还简单明了的指导。

普通人有这种念头并不奇怪，我也有过这种念头，希望能够提供给他们所期望的那种指导或建议。这样的指导或建议最好是一看就懂，一上手就可操作，如果这样的话，我的工作也将简单很多。但是，我要遗憾地告诉你们，这种建议是没有的，即使有，也不会起到什么效果。这种指导或建议只会使你的演说变得没有活力、不自然、做作、毫无光彩，根本不能引起听众的兴趣。

我之所以这么说，是因为我在年轻的时候有过这样的教训，当时，我花了很多的时间来思考和练习这些易于执行的规则，最终一无所获。我是不会允许那些所谓的硬规则出现在我们的教课书中，因为了解再多没用的事物，也是形同于一无所知！

埃德·布克的演说很讲究谋篇布局和逻辑推理，一直都是美国大学演说课中的经典案例。但是作为一个演说者，布克却完全是一个失败者。因为他从来都没有将自己所讲的理论用于具体的演讲中，让演说散发魅力和影响力。当他演说开始，听众开始做起小动作，瞌睡、咳嗽、挖鼻孔，然后离开，因此，人们戏称他是"国会下院开饭铃"。

你可以使出浑身力气将子弹壳一个个地投向一个人，但结果，你仍然不能在他衣服上穿出一个洞。但你哪怕是只用一点星星之火，只要点燃子弹里的火药，它便可以瞬间击穿一块木板，演说也是这个道理。我十分肯定地提醒你们，一场无法给人留下深刻印象的演说就如同用子弹壳打人一样，不会在人的身上留下任何痕迹。

让声音有力并抑扬顿挫

除语言之外，我们所用声调的变化及肢体动作所传递的信息，也都是我们同听众进行信息沟通的渠道。不管是挥动手臂，还是耸肩、皱眉、增加音量、调整声调与音调，进行语速调整等，都涵盖有不同的意思，向听众传递不同的思想。但我要加以强调的是：以上同听众交流的经验都是我们从演说训练时得来的，并非是我们生来就会。

在我们日常的闲谈中，由于受自己精神状态和情绪的影响，我们也可能出现声高或声低的变换，甚至音色的变化。正是由于这一点，在演讲者选择题目时，我们会建议他们选择那些自己感兴趣，并且能够控制的话题。这样，在演说的时候更容易投入感情，听众也会因为你的真诚，而愿意与你进行自然、亲切的交流。

童年时的自然纯真随着年龄的增长而会逐渐褪去，人们会不知不觉陷入时代为自己设计好的固定套路，其中也包括声音习惯和语言特点。与过去相比，绝大部分人没有了童年的活力和纯真，也不太习惯于使用手势，说话时也不再抑扬顿挫。就算是出于自然的反应，许多人也会有意识地加以控制，不使其流露出来，当然，他们不清楚这种抑扬顿挫会对自己人际关系产生什么样的作用。时间久了，他们与人的说话和沟通就会变得固定而呆板，有时候甚至连音量的大小都固定不变，更不用说运用个性词语了。

我在本书中一再提醒大家，演讲时要表现出自然，或许有人会对这句话产生误解，觉得"自然"就是可以随意乱说，对话语中的词句不必在意。

其实这样的理解是完全错误的！我在书里所讲的"自然"，是指演说时要让自己的心态平稳、身体放松，毫不做作地表达自己的观点。记住，不管在什么时候，都不要认为自己已经做到最好——语言也运用到位了，想象力也已发挥到了极致、不能再改善了。其实，这是不可能的！因为随着时代的发展和社会的不断进步，意识和语言的发展是没有穷尽的，要永不懈怠地追求更有效的表达方式，才是一个优秀演说家自我磨炼的方向和目标。

为民全面提升自己的演说技巧，学习演说首先要了解自己的音调、音量和语速。要准备一台录音机，此外，也可以请朋友来帮助测试。若是有条件，最好能请这方面的专家作以指导。

但是不能忘了这一点，就是你做的以上的这些练习和测试都没有听众的参与，所以即使你将上面所说的细节演绎得再完美，也不能说是成功了。因为你演说的效果如何，只有听众有权做出判定。一旦站你在演讲台上，就要全身心地倾注于演说，全神贯注于听众的感情与精神上的反响。只有这样，表达和交流能力才能得到更快的提升。

第五篇

挑战成功演讲

说好介绍词

当你接受了对方的邀请，准备进行一场演说时，确定好你的演说主题，以及进行一场精彩的演说，抑或主持好一场演说就是一种职责。假如你是某个组织的负责人，或者是妇女俱乐部的一员，你演说的任务只是向出席此次会议全体成员介绍会议的主持人及他的主讲话题。在这一章，我们就如何说好介绍词、领奖词，以及颁奖词等进行一些探讨。

约翰·马森·布朗既是一名作家，也是一名优秀的演说高手，他生动有趣的演说在美国的许多地方都赢得良好的口碑。与许多人一样，在他的演说经历中，也曾遇到一个不称职的主持人。

那个主持人对他说："讲什么都不要紧，别因此而愁容满面，我认为演讲根本就不需要准备，其实，准备也没用，那更会破坏事件的整体美，令人扫兴。我每次上台时，灵感就在我起身的一瞬间来临。"

那个主持人口吐莲花，在他做过这番精彩的介绍后，布朗对这场演说充满了期待。但结果却令他非常失望，当那个主持人站起来后，就再也看到他的灵感了，他说话语无伦次，讲得十分糟糕。布朗曾经在《习惯自我》这本书中描绘了当时的情景，那个主持人说：

> 女士们、先生们！请注意，我现在要向大家公布一个不好的消息，本来今晚要邀请比尔·查里先生来这里演说，很遗憾，他因病不能前来。出于这一原因，我们决定请参议员威尔逊先生来救场，可惜的是，他由于公务缠身也不能到场。怎么办呢？我又试图邀请堪萨斯州的洛德·格博士过来，可这个希望还是落空。最后，没办法，我们只好让约翰·马森·布朗来应付一下了。

可以说，这次经历是布朗先生演说生涯中所遭遇的最大的一场灾难，他只用一句话来评价："还好那个自以为是的家伙没把我的名字讲错。"

是的，那个自以为是的主持人，尽管本意是好的，并没有想要让别人出丑，可实际上做得很糟糕。他的介绍不仅不得体，还让演说者很难堪，更对不起听众。尽管他不需要对此负有责任，但却给人留下了不好的印象。更让人痛心的是，许多节目主持人竟然对此并不以为然。

介绍词与社交中的引见职能一样，合适的介绍词可以有效地拉近演说者同听众之间的距离，让双方的感情更为融洽，气氛更加和谐，它就仿佛桥梁一般有着相互贯通的作用。也许有人觉得，介绍词除了介绍演说者之外并没其他作用。

这种认识应该说是非常浅薄的。如果有人想故意破坏别人的演说，那么这与失败的介绍没什么关系。但是，有些介绍词却会直接影响演说的结果，这是因为主持人根本不了解介绍词的重要程度。

"介绍词"一词，就其本身来讲并没有多少技术性含量。其作用是引导听众倾听演说，有助于听众深入地理解接下来听到的内容。

此外，介绍词还有引导听众，使他们相信演说者有资格，也有能力谈论他们即将探讨的内容。也就是说主持人应该像推销员一样，他要推销的产品就是演说者与演说主题，他需要做的就是尽快地把产品推销出去，并且还要让买卖双方都满意。这便是介绍词所应该达到的效果。

介绍词看似简单，但并不是所有主持人都能讲好它，成功者通常不到20%，这里要特别突出这个"不到"。因为大部分人的介绍词都讲不到位，让演说者无法从心里接受。假如你在做介绍时，能清楚自己所肩负的责任，并配合以恰当的表达技巧，那么你就能够成为受欢迎的主持人了。

下面有一些建议将有助于你准备好一套内容完备的介绍词：

精心准备

尽管说介绍词的时间一般不会超过一分钟，但是仍然需要我们做精心的准备。首先搜集三方面的材料：一、演说题目；二、演说者对此题目的谈论资格；三、演说者的背景。必要的时候，还得再增加一项内容，就是向听众渲染此次演说是怎样的有趣，营造一种良好的气氛。

当然，事前一定要清楚演说的题目与内容，并且要了解演说者对题目的掌控程度。假如演说者对你的介绍方案提出异议，认为你要介绍的某些内容与他要表述的立场相矛盾，那么场面就尴尬了，所以，为了防止这种情况的发生，在介绍完演说者后，不要自作主张地去猜测演说者的看法。

主持人不仅要充当报幕员的角色，还需要掌握一点融合演说题目与听众兴趣的能力。在开始介绍之前，你最好先与演说者交流一下，直接获取确切的信息。如果需要第三者如节目主持人的帮助，则要设法获取书面材料，并且在演说之前同演说者确认一下，避免出现差错。

一般的介绍词的准备，也仅仅是获取相关的资料，以确定演说者的背景资格。有时候，你要介绍的演说者或许是位闻名遐迩的人物，这样你就可以通过《世界名人》，或者类似的报纸杂志获得他的确切资料。假如他来自某一个地方，你可以去这个地方去了解并获取有关他的资料，并经由他的家人或朋友的核实，这些都是事先需要做好的事情。

记住，介绍词说得不要太多，太多会让人生厌，比如说，演说者拥有的博士学位已经显示了他的知识水平，如果还要强调他的学士、硕士学位，就显得多余了。同样，在介绍演说者的身份时，只需点明演说者目前的最高与最近的职务就行了，也没有必要再罗列其他的履历。总而言之，突出主要的，忽略次要的。

有一位家喻户晓的著名主持人，他曾介绍过诺贝尔文学奖得主爱尔兰诗人叶芝。在一次诗歌会中，叶芝要朗读自己的作品。正确的做法是，主持人在介绍叶芝的时候，首先要向听众介绍这件事，哪怕忘记了说其他任何事。但主持人说了些什么呢？他绝口不提此事，反倒离题万里地去乱讲什么希腊诗歌和神话。

此外，还有一件事主持人应该特别注意，就是一定要记住演说者的姓名，千万不要搞错。可笑的是，约翰·马森·布朗先生曾经被主持人介绍为约翰·布朗·马森。加拿大的一名幽默家史蒂芬·吕科克在散文《我们今宵相聚》中说自己曾这样背介绍：

> 我们许多人都怀着十分激动的心情期待着李洛德先生的到来。通过他的文章，我们好像同他本人早已是好朋友了。假如让我告诉李洛德先生，他的大名在我们这里已经家喻户晓，我觉得这样说一点也不夸张。我感到十分荣幸，可以在这里向大家介绍他。

查找资料的目的是确保介绍词的正确性，只有准确又略带神秘的介绍词才能吸引听众的注意力。如果主持人的资料准备不足，介绍词含含糊糊，主持人也很没面子。我们现在看下面的例子：

我们的演说者大名鼎鼎，被公认为是这方面的权威。我们很荣幸可以聆听他的高论，因为他是一位远方而来的贵客。由我向大家介绍他，本人感到很荣幸。那让我们拭目以待吧，有请某某先生。

通过上面这段介绍词，我们立刻就会发现：这位主持人对演说者完全不了解，他只是在例行公事，有些敷衍了事。实际上，主持人只需用上一点时间来了解，就不会向听众做这样毫无责任意识的介绍词了。

运用"题目——重要性——演说者"公式

"题目——重要性——演说者"，这个公式对于绝大多数的介绍词来说都是不可或缺的，它可以指导你如何组织搜集到的材料：

题目，即说出演说的题目，并适当地向听众予以介绍。

重要性，就是找出题目与听众兴趣之间的联系所在。

演说者，就是说出演说者的光荣履历，尤其是同他题目相关的荣誉，并准确而清晰地说出他的名字。

这个公式还给你留下了发挥的余地，不要按照某些框框生搬硬套。下面例子里的介绍人完全执行了这个公式：

我现在要介绍的这位演说者演说的题目是：《电话带给你什么服务》。我对如今的这个世界发生的许多事情都感到难以理解，比方说婚外情、比方说博彩，再比方登山等等，还有就是人们打电话时出现的奇事。

你为什么打完一个电话后又觉得很后悔？为什么从纽约打电话到芝加哥，反倒比从家中打到山那边的镇子上更为方便？今天的演说者不光知道这些答案，并且还是一个有关电话方面的"万事通"。

他把自己20年的精力投入在了电话上面，按类归纳关于电话的种种资料数据，以便让人们更清楚地了解电话。由于勤奋的工作，他现在正在担任电话公司副总裁的职务。

现在，他要向听众介绍他的公司是怎样为人们提供服务的。各位如果最近对电话的使用很不满意，那就把他的演说看作是他自己做的辩护词吧。女士们，先生们，现在让我们欢迎纽约电话公司副总裁乔治·韦伯先生为大家做演讲！

我们总结一下上面的介绍词：先提出问题，引起听众的思考，接着告诉听众演说者能回答哪些疑问，以及听众可能会想到的其他疑问。这样，就非常巧妙地把听众与电话联系在了一起。

我可以断定，演说者的这段介绍词不是事先写好、背熟，再拿到台上来说，但读起来却如平日说话那般顺畅。在一次晚会上，主持人准备要介绍克丽妮亚·斯金娜，但忘了预先背诵的词。她只好深吸一口气，说："因为伯德上将所要的演说报酬不合情理，我们今晚请来了克丽妮亚·斯金娜为大家演说。"

介绍词要真诚、自然，最好是临场随意发挥，千万不要教条刻板。

从韦伯先生的介绍词里听不到一句像"它为我带来多大快乐""下面我十分荣幸地向大家介绍"等华而不实的套话，介绍演说者时最好直呼其名，或者在前面加上"我介绍"。

主持人说话啰嗦拖沓是影响成功介绍的一大主因，这会让听众情绪烦躁。一些主持人在介绍别人时，习惯进行总结，企图显示自己的重要。还有一些主持人喜欢说一些低级趣味的笑话，或"哗众取宠"般盛赞，或贬损演说者的职业，而试图凸显自己的幽默感。如果主持人真的希望自己的介绍词起作用，就必须得改掉前面提到的毛病。

还有一个完全依照"题目——重要性——演说者"这一公式，使介绍词显得更富个性的例子。这个例子是关于著名主持人埃葛·思纳迪采用这个公式，从三个方面来介绍知名科教专家兼编辑杰罗特·文德先生的。介绍词如下：

> 此次演说主题为"当代科学"，应该说这是一个十分严肃的话题。他让我想起一个故事。这个故事讲的是，一个精神病患者老是怀疑自己身体里有只猫。心理医生无法向他证实他身上没有猫这回事，但他没有向患者做任何解释，而是装作要给他做手术。当麻醉剂的"药效消失"后，他醒了过来，医生拿了只黑猫给他看，并且说他身体里的猫已经被取出来了。可患者的回答让人啼笑皆非："不是啊，医生，那整天骚扰我的是只灰猫！"

当代科学也是如此，你原本想抓只名贵的猫，最后却抓到一群无人领养的流浪猫。一个古代的炼金术士，现在可被视为第一个核物理学家，在临死的时候，他无比虔诚地祈求上帝再给他一天的寿命，以便让他领悟宇宙的秘密后再死去。而如今的科学家，却揭开了古人们做梦也无法解释的宇宙秘密。

今天我们请来的演说者，是出生于爱德华州的德温波特，他毕业于哈佛大学。他曾经在军工厂工作，也周游过欧洲各地。他熟悉科学发展的现状和发展趋势，曾担任过大学教授、学院院长，领导过政府授权的科研项目，并以科学家的身份在政府部门担任职务，还当过作家和编辑，在科学领域成果累累。他著有《未来世界的科学》一书。他为《时代》《生活》《财富》等刊物做科学顾问，他对科学新闻的评论被读者奉为经典。在1945年广岛原子弹爆炸后的第10天，他的《原子时代》问世。他经常说的一句口头禅是'最伟大的时代终将到来'，而事实也正如他所预言的一样。我要自豪地向大家介绍，这位演说者就是各位已经期待多时的《科学画报》总编——杰罗特·文德博士。

上面的那位介绍人对演说者的经历进行了大肆吹捧，一直在往演说者的脸上贴金，可怜的演说者常常会经不住这样的吹捧，演说还开始已经晕头转向了。

当然，反过来讲，缺少必要的赞美同样不算是好的介绍。史蒂芬·吕科克曾经回忆某主持人介绍他时用的结尾：

> 今天是"今年冬天"系列讲座的第一场。此前的那个系列各位都清楚，并不是很成功。其实，我们是在入不敷出的情况下撑到现在的。因此，我们请了一些新人，因为他们的演说都很廉价。下面我介绍的演说者是吕科克先生。

想到这里，吕科克苦笑着说："试想，被称作'廉价人才'，在听众面前除了感到尴尬外，还能有什么？心里真不是滋味。"

尽可能表现出热情和喜悦

在对演说者进行介绍时，主持人所表现出来的态度与语言一样重要。主持人在对演说者进行介绍时，要尽可能地表现出尊重和友善，表现出源于内心的喜悦，但并不一定非要向听众表白自己是多么高兴。如果你的介绍词能做到用递进的方式来介绍演说者，并在临近高潮时说出演说者的姓名，这会让听众非常兴奋，他们肯定会给予演说者热烈的掌声。

听众的这种热情，也能鼓励演说者的情绪。

在说出演说者的姓名时，需要注意三个关键点：停顿、分隔和音量。停顿就是在宣布名字之前稍微停一下，这样做的用意，是要吊一下听众们的胃口，增加听众的期待感；分隔是指在姓与名字之间停顿一下，以有所区分，目的是为了给听众留下清晰的印象；音量就是指在宣布演说者名字时声音要响亮且强劲有力。

另外要注意的就是：在宣布演说者名字时，要面对听众，不要把目光转向演说者，或其他什么地方，在介绍完名字后，再将目光移动他处。我见到为数不少的主持人，可以说他们的介绍词完美得无可挑剔，但介绍时的表现差强人意：他们在此时面朝着演说者，好像只是在对演讲者做介绍，这种行为让听众不能理解。

态度诚恳

最后建议大家，在做主持时，心中要充满真诚，不要故弄玄虚且做作，也不要使用嘲弄式的批评或品味低级的幽默。如果心不在焉的做主持，容易引起听众的误会。身处社交场合，与人心怀诚意不可或缺，这是使用社交艺术与技巧的最基本条件。你也许对演说者十分的了解，可演说者对听众却很陌生。你在主持中所表现出的不以为然可能是源于你与演说者的熟悉，但对于不了解内情的听众来说，会误以为你是在有意诋毁演说者。

颁奖词的演说

著名的作家麦乔丽·威尔森说过一句话："事实证明，人类心灵深处最渴望自己的价值被认可，获得荣誉和赞扬。"

可以肯定地说，这句话表达了一个普遍的真理。我们每一个人都渴望美好生活，得到他人的赞美和褒奖，即便是两三句话，更不用说可以在公共场合接受别人的褒奖了。

网球明星埃尔获·济伯森在自传中，描述自己渴望被赞美和褒奖时，把"人类心灵的渴望"换成了"我想成为大人物"。

在准备颁奖词时，格外值得注意的是：我们要时刻提醒自己，奖项是要颁发给一位"大人物"的，他在自己的专业领域取得了巨大的成功，这一荣誉应该是属于他的，我们之所以在这里齐聚一堂，为的是把这一荣誉颁发给他。

颁奖词要说的朴实、简练，听起来让人产生一种钦慕感，切不能粗俗、简陋。对于常常获得荣誉的人而言，这也许并不重要，但对更多的人来说，一次颁奖或许让他永生难忘。

所以我们必须重视这一表达，既要让获奖者感到荣光，也要让听众受到激励。下面介绍三种切实有效的方法：

1.简明扼要地介绍一下颁奖的缘由。

2.简要描述一下获奖者的生活爱好，因为这是听众很感兴趣的。解释为什么此项荣誉要授予获奖者，人们对他的贡献是怎么认同的。

3.表示祝贺，并代表大家预祝他取得更大的成绩。

颁奖词很像一场简短的演说，真诚是不可或缺的基础，关于这一点大家都清楚，我不再多讲。假如你被指定为颁奖主持人，从某种意义上说，你和获奖者一样地具有荣誉感。因为你的同事和朋友选择你说颁奖词，这本身就是对你高度的认可，并且相信你绝不会像某些演说家那样，犯一些不该犯的错误。

而这时，最容易犯的错误是过度地赞扬演说者的优点。如果演说者其人的确十分的优秀，那就实话实说，但没有必要言过其实，因为过度的吹捧，除了会让获奖者感到不自在外，也很难让听众感到信服。

同样，不要将荣誉本身的重要程度夸大，也不要突出奖品是如何的丰厚，而是应该突出颁奖者的情谊。

答谢词的表达

一般说，答谢词相比颁奖词更为简单，不必事先背诵，但至少在心里要有所准备，这是一种较为稳妥的做法。假如你是获奖者，事先也做了必要的相关准备，那么，主持人在说完颁奖词后，在你致答谢词时就不会显得手足无措。

如果在答谢词中说一些诸如"谢谢大家""这是我一生中最重要的时刻""我有生以来经历的最让人激动的事"之类俗不可耐的套话，表明你事先没做准备。同准备颁奖词一样，含糊其词就是华而不实。"重要的时刻"和"最让人激动的事"这样的表述言词太含糊。相对来说，用谦卑的语气来表示感谢则更显得真诚。所以，在你的答谢词中应该包括这样几个内容：

向听众诚挚地表达谢意。并且不要忘记表达自己所取得的成绩应归功于曾竭力帮助过自己的人，包括同伴、上司、家人或者朋友。

向听众、颁奖者表达奖励或奖品对你的重要意义。假如奖品是包裹着的，要打开展现给大家看，告诉他们奖品是多么的漂亮和珍贵，并且并告诉听众你将来怎样收藏或使用它们。

再次表示诚挚的感谢，答谢完毕。

长篇演讲的安排

对一个理性、健全的人来讲，他不会在蓝图还没绘制的情况下就开始生产或者架桥。同样的道理，一个人在不知道为什么要进行演说的前提下，他不会信口开河的。

演说如同旅行，一定要有明确的目的，并做一个好的出行计划。如果一个人漫无目标，他往往没走多远会停下脚步。

我很想在全世界所有演说课的课堂门口挂上一块牌子，用红色的大字在上面写上拿破仑的传世名言："带军作战是门学问，运筹帷幄，才能决胜千里。"因为这句名言对每个学习演说技巧的人来说，都会从中受到启发。演说者都要清楚这点，问题是，即便他们明白，就一定会付诸实践吗？我觉得不会，很多演说者只肯用做一盘菜的工夫去准备演说。

什么是最好的长时间演说方式？在调查结果出来之前，没有任何现成的答案。这个问题很常见，每个演说者都有必要进行思考。我们所提的意见不能保证一定就有效，但我们还是要提出来，让大家作为参考。

长时间演说通常有三个要素：一是吸引听众的注意，二是正文的措辞，最后是结束语。每一个阶段都可找到提高其技巧的实践来源，演讲者在参考它们的同时，还要因人而异地加以发挥。

迅速吸引注意力

我曾向西北大学前任校长林·哈罗德·胡咨询过：什么才能算得上是演说中最重要的一件事。他不假思索地回答说："先用一段可以吸引人注意的开场白，一张口就抓住听众的心。"

这位校长的话直击演说艺术的真谛，作为演说者，练就一张嘴就能捕获听众的技巧，尤其对说服性的演说非常重要。在本章中，有一些相关的建议，演讲者要学会合理借鉴，以便让自己的开场白讲得更加吸引人。

建议1：用事例、事件展开演讲

圣·克莱尔是一位著名的新闻评论家、演说家及电影制片人。在一次题为"阿拉伯的劳伦斯"的演说中，他是这样做的开场白：

> 有一天，我在耶路撒冷的基督街上偶遇一位男子，这位男子身着东方君王一样的华丽服饰，腰间别着只有先知穆罕默德的后裔才可以佩带的黄金弯刀……

他的开场白是叙述自己亲身经历的故事，并且在开场白中设置了一个悬念，这就是它吸引人注意的地方，也是构思的巧妙之处。

演讲中，使用这样的开场白没什么问题，它将自动向前推进你的演说，听众之所以一直被你的思路牵引，是因为他们已经被你的故事吸引住，而且急切地希望了解"之后发生了什么"。

可以说，到目前为止，除了利用故事之外，我不知道还有什么其他更好的方式做开场白的了。

我曾不止一次演说过同一个题目，每一次的开场白都像下面一样：

> 在一天的晚餐过后，我漫步于南加州菲农镇的一条街上，忽然见到一个人，他站在一个很高的箱子上向周围的一群人演说。我出于好奇，也挤入看热闹的人群中听讲。那个人说："你们发觉没有？我们从来没有看到过秃头的印第安人！或者从来没有看到过秃头的女人！下面我来告诉你们这是为什么……"

你们可能发现了，这种开场白没有停顿，没有靠层层铺垫来逐步勾起听众们的好奇心，而是直接讲故事，这样也可以轻松抓住听众的心。

演说者如果能找到自己亲身经历过的，并且很有些情趣的故事作为开场白，自然会胜券在握，它不需要费尽心思，也不用灌输理念。你说的是你的亲身经历，是自己的生活。你如果满怀信心、从容淡定，就一定能与听众建立友好的关系。

建议2：巧妙设置悬念

乔治·卡里先生曾在费城的一家运动俱乐部说：

在一个世纪之前，似乎也是这个季节，在伦敦出版了一本书，在这本书中只讲了一个故事。但这本书注定要名留千古，看过它的人都把它称为：全世界伟大至极的一本书。它的出版就仿佛一石激起千层浪，人们在斯特兰德街或者普尔马尔街相遇时，与对方打招呼的第一句话肯定是：你读过那本书了吗？所有的回答不谋而合：是的，老天保佑，我读过了。

这本书出版的第一天就卖出去了1000本。一周后，订单增加至1.5万本。接下来，这本书不断地被翻印，还被翻译成为世界各国文字。前几年，摩根花了一大笔钱将这本书的原稿买下。如今，它正同其他许多无价之宝一起躺在庄严的摩根博物馆里。

演说说到这儿，你还是无动于衷吗？难道你不着急想了解"后事如何"？演说者是不是吊足了你的胃口？在你听讲时，你是不是发现此时你已经被这个开场白深深地吸引住了？为什么会呢？因为它利用了你的好奇心设置了一个悬念，因此你被深深地吸引。很少有人能阻挡住这种好奇心！

读到这儿，你一定急着想知道这到底是一本什么书？！好吧，那就满足你的好奇心，我把答案告诉你：此书的作者是查尔斯·狄更斯，书名叫《圣诞欢歌》。

在演说中设置悬念是激起听众好奇心的一种非常有效的技巧。在讲授"快乐的窍门"一课时，我也利用了设置悬念的方法，这也算是一个案例，我是这么开场的：

> 1871年春，一个年轻人意外地捡到一本书。它只阅读了书里的21个字，从此他的人生就发生了深刻的改变。这个年轻人注定要成为世界闻名的医生，他的名字叫威廉·奥斯勒。

这是怎样神奇的21个字呢？这些字是怎样影响了他的未来的？听众一定非常想知道答案。

建议3：激发好奇心

宾州州立大学婚姻顾问处处长雷格里·路德在《读者文摘》上发表了一篇题目为《怎样寻找生活伴侣》的文章，文章中公布了一些令人深感不安的统计数字，读者看过这些数字让后，会屏住呼吸，自然，他们的注意力也会被这些数字锁住：

> 现在不断上升的离婚率已经让许多的年轻人很少能从婚姻中获得幸福和快乐，截至1940年，每5到6个家庭当中就有一个婚姻破裂的；如果按这样的速度发展，估计到1949年，

离婚率将攀升至40%。到1950年，这一数字将达到50%。

下面几个例子则是利用引人注目的事实或者骇人听闻的事件作为开篇的：

根据国防部所做的关于核战争的伤亡预算，原子战争爆发的当天将会有两千万美国人丧生。

前几年，斯嘉丽——霍华德旗下的报纸投入17.6万美元做了一项调查。调查的内容是：顾客对零售商店的不满意度。据了解，这次所做的调查，是到目前为止投入最多、方法最科学、范围最广的一次。调查问卷被送至美国16个城市，反馈回来的问卷有45047份。其中调查的一个问题是：你不喜欢本镇零售店的哪方面？

40%的答案是：店员态度太粗鲁。

让人感觉震惊的开场白是一种吸引听众的重要方法，由于这一方法震撼了听众的心理，自然而然会引起听众的关注。这是一种"震撼技巧"，用事实出其不意地震撼人心，可以轻易吸引听众的注意力。

在华盛顿的培训课上，有一位叫玛格·希尔的学员运用了这种激发好奇心的方法，使其演说获得了成功。她是这么开场的：

十年来，我一直是个自我囚禁的犯人。这座牢狱非比寻常：我担心自己太顽固，也害怕别人的批评，这就是我自己设置的禁锢内心的铁窗。

对于这种现身说法，想必没有多少听众不愿意再接着听下去的！

耸人听闻式的开篇对演说者来说，有时也是一个坑，如开场白太过于戏剧化。过于卖弄，往往会弄巧成拙。我记得曾经有个人，一登台便朝空中开了一枪，他本以为这样做会引起听众的注意，结果，听众以为发生了什么骚乱而惊吓不已。开场白要讲得平易近人，就像在与人促膝而谈。

想要知道自己的开场白是否平易近人，最好的办法就是，事先在饭桌上排练一次。如果你对排练的结果不太满意，则表示开场白不过关，等你上了演讲台后，听众一定是敬而远之。

情况往往就是这样，本来应该吸引听众的开场白，却成了是演说中最乏味的部分，比方说，有这样一个开场白："要相信上帝，并且信赖你自己的才能……"这种教育式的开场白，可真跟白开水一样白！

可演说者接下来所演说的内容，却渐渐地开始吸引了你，并且你还会感觉到这当中好像还蕴藏着一种什么力量，震撼着人们的内心："1918年，父亲离世，母亲新寡，还要养育未成年的三个孩子，可是家中空空如也……"寡母带着三个嗷嗷待哺的孩子，为什么演说者不能把这有着巨大吸引力的情节放在开篇中说呢？

如果你想激起听众的兴趣，千万别把开篇弄得跟序言一样，而要开门见山，话锋直奔吸引听众的核心。富兰克林·贝杰是一位悬念高手，他在自己所著《我怎样在销售行业取得成功》一书开篇便设下悬念。在美国工商协会的资助下，他和我有过到美国各地做巡回讲演，宣传销售技巧的经历，因此我对他较为了解。他对演说表现得非常"热心"，尤其是开场白的演说技艺更是超乎寻常，让我佩服得五体投地。他登台说开场白时，从来不讲大道理，不说空话，也不做总结性的论述，开口就一针见血，痛彻至理。他在谈"热心"的时候，开场白是这样的：

在我成为职业棒球手后，遭遇到了一件事，这是我这一生中所感受的最大震撼。

这种带有悬念式的开场白效果怎么样？我在现场目睹了听众反应。所有人都拭目以待，想知道他究竟为什么会受到震撼，以及他是怎样应对的。

建议4：现场提问

现场提问是一个与听众建立互动的好方法，这有助于激起听众参与的兴趣。比如，我在组织讨论"如何防止疲劳"时，就是用一个提问开始的：

　　你们是有过这样的体会，预感自己要疲劳的时候其实就已经疲劳了？有同感的请举起你的手。

　　这里需要注意一点的是：在让听众举手之前，应该预先提示一下听众，让他们知道你要这么做。不要搞突然袭击，一上来就问："现在你们当中有多少人觉得应该降低个人所得税？请举起手来，让我们看看。"

　　这样问的结果是很难让听众配合你的。而应该这样说："我想让在座的诸位举手来回答一个问题，而这个问题也关系到你们的切身利益。我想问：你们当中有多少人觉得购物赠券是对消费者有益的？"

　　这样就缓冲了一下听众的心理准备。

　　只有恰到好处地进行现场问答，才能获取听众的积极配合，这叫"与听众互动"。当你对听众提问有了响应之后，你就不再是孤独地进行演说，因为听众也参与到其中了，你的演说就变成一个与公众互动的过程了。

　　当你问"你们是否知道，预感自己疲劳的时候其实已经疲劳了？有同感的请举起你的手"时，听众就会很配合地开始思考这个在他们看来有点意思的题目了，还可能看看周围，寻找同他一样要举手的人，全然忘记自己仅是一名听众，并且对周围的人微笑着点头。现场全然没有一点紧张的气氛，变得轻松起来。而你作为会场的主角演说者，此时也会变得一身的轻松。

建议5：满足听众的预期心理

有效地吸引住听众的注意力，还有一个方法就是让听众知道，如果他们按照你的要求去行动，就可以实现他们所期望的目标。下面是一些例子：

我准备教给大家怎样预防疲劳的方法，使得你们一天之中清醒的时间至少能增加一个小时。

我要教大家如何实实在在地增加收入。

大家如果给我10分钟时间，我保证你能完全掌握这种方法，而且非常奏效。

以这种承诺的方式开场必然能会引起听众的关注，因为听众知道这与他们的切身利益有直接的关系。而有些演说者常常不关心演说主题与听众兴趣之间的关系，他们并不关心听众的兴趣所在，因此开场白索然无味。有的演说者演说一开始，便先表明演说主题的理由，接着就是介绍背景，口若悬河，唾液飞溅却同听众的兴趣点毫无关联。

那演说者该如何介绍开场白呢？如果介绍的好，说得巧妙，就会让演说题目的吸引力有所增加！如果开口就讲与演说题目不沾边的东西，则就是成了一场挂羊头卖狗肉的广告，立刻就让听众对演说毫无兴趣了。如果使用"承诺式"的开场白，结果会截然不同。不信请看下面的例子：

你了解自己有多长的寿命吗？如果根据保险公司的计算显示，你还有的寿命是80减去你现在的年龄再乘以2/3。也就是假如你今年是35岁，那么80减去35，之差是45，再乘以2/3，也就是说，你大致还可以活30年，你对此甘心吗？

当然不甘心，每个人都想健康长寿，来证明保险公司的计算是荒唐的。那你或许会问，我们应该如何去做？这个结论来源于几百万份的随机测试。既然这样，我们能不能成为例外呢？答案是肯定的！只要我们积极地预防。

这个开场白迫使听众不得不认真地听下去，肯定地说，包括你也一定被抓住了兴趣点。因为他谈及了你的寿命，像这种开场白对听众有不可抵抗的吸引力。

建议6：展示物品

在听众面前，将演说中所提及的物品举起来进行展示，是吸引听众注意力的另一简便方法。即使是一个乡下人或与此并不相关的过客，甚至是摇篮里的婴孩的注意力，都会情不自禁地被具有明显刺激性的举动所吸引。有时演说者用上这一原始的手法，即便是面对最不苟言笑的听众，也可以有很大的功效，比如：

有一次演说，来自费城的安娜一登上演讲台便向台下的听众展示一枚夹在手指之间的硬币。一时间，所有听众的目光聚焦在了她的手指上。然后，她问道：

"各位，你们有谁在马路上捡到过这样的一枚硬币？这枚硬币不同寻常，它上面写有这样的文字：凡是捡到这枚硬币的人都是幸运者，他会在各种房地产开发中得到很多减免优惠。你只需将这枚硬币交给主办的公司方就可以了。"接着，安娜便开始批评这一荒唐且不遵守道德的广告做法。

以上所介绍的每一种方法，都有值得学习和借鉴的地方，既可单独使用，也可以综合加以利用。但要注意，好的开场白，很大程度上取决于听众对你及你所提供的信息的认可。

避免以两种糟糕方式开场

演说中听众的注意力非常重要，但是保证这种注意力是正面的、积极的同样重要。请留意这里所讲的"积极的"。一般情况下当然不会出现演说者辱骂听众的情况，或者讲些让人讨厌、恶心的话，从而激怒听众，惹起一大片骂声。但也不乏有些演说者用下面两种糟糕的方式引起听众们的注意。

建议1：不要用道歉的方式开场

假如演说者一上场就向听众不停地道歉，那这场演说必定不会出彩。以没有准备好或在这方面没有经验等为由不停地向听众道歉的演说者大有人在。要避免这样说，既然你没有准备好，听众自然会对你敬而远之。如果你已经准备好了，就没有必要太虚伪。你这样道歉，就如同在告诉听众，你为他们做准备不值得。

实际上围炉闲谈里的一些材料就可以满足他们。如果你能尽力地为听众作他们所希望听到的演说，你就不必为他们做任何道歉。人们来听你演说，目的是为了获得新的信息或评论，并且从中获得乐趣，你要牢牢记住后面这一点：听众是来做什么的。所以，你要说的第一句话就要吸引听众的注意力，并非第二句话，更不是第三句话。请记住，是开口说的第一句话！

建议2：不要用幽默故事作为开场白

应该说，在有些场面上，讲一个小幽默会吸引众人的注意力，但是现在我要说的是，以幽默的话做开场白不合适，我并不建议大家使用"幽默开场法"。

有些演说者还这样认为，只要自己能把听众引逗高兴就可显示出自己的优秀。也许他们生性就比百科全书还沉闷，但是当他们起身演说时，会觉得马克·吐温也不如自己优秀。切不要掉入这个陷阱，否则，你将发现这样去探索听众的满意度并不是一个好方法，你会因此而尴尬不已，也不会任何预期的效果。幽默开场会令你苦恼不堪，也许你讲的这个幽默故事已经妇孺皆知。

但是应该承认，幽默感是每一位演说者都不可缺的语言艺术与气质。演讲的开场白不能程序化、太过严肃。如果你有能力通过下面的方法把听众的听讲兴趣提上来，比方说用一种十分巧妙的方式叙述正在发生的一些事，或者对前几位演说者做一个有趣的评论，那你就可以这么做。这种幽默很可能比那些牛奶、茶壶、岳母、小猫小狗等无趣的笑话更有效果。因为这种幽默与现场氛围有关，是演说的一部分。

自嘲也是一种拉近演说者与听众之间距离，制造愉快氛围的好方法，用荒谬和尴尬的自身经历来自嘲，是幽默的精髓。在许多公共同场合，杰克·班尼都会使用这种方法。他是最能嘲弄自己的电台主持人之一，他表演拉小提琴的样子成为大家的笑柄，公众们也总是善意地嘲笑他的老态龙钟和贪心。因为他的幽默感，使得他主持的节目的收听率年年都会提高。

当演说者用一种幽默的方式来嘲讽自己时，听众却不会因此而看低他。反之，要是演说者狂妄自大，装作是博古通今的学者而好为人师，那将会同听众产生距离感。

多元化支持主题

在比较长的演说中，主题的阐述可能要运用到几个分论点。如果想让演说引起听众的共鸣，有必要压缩分论点的数量，同时，对每一个分论点都要准备好充足且无懈可击的论据。

在本书中，我们曾经介绍过一种通过列举故事或实例来证明论点的方法，让听众认可演说者论点的正确性。这种方法深受演说者的喜爱，因为"人人都喜爱听故事"。有些演说者习惯用故事做论据，但要知道，故事并不是唯一的论据。除此之外，演说者还可以使用依照科学方法整理的图例、统计数据，引用权威专家的一些言论及类比、演示等方法，最终都可以达到相同的效果。

建议1：运用数据

数据表明的是某种概况的结论。它有说服力且具权威性，令人印象深刻，可以当作证据使用，单个事例的证明效果根本不能与其相比。也正是因为美国政府做了详细数字统计，用数字说话，才使得史莱克预防小儿麻痹的疫苗的功效为公众所认可。

数字带有枯燥的抽象性，容易让人们厌烦，因此运用数字作为证据时，最好要使用一些生动的语言来进行表述，以吸引听众的注意力。在讲实例的同时，再借助数字来做说明，与没有新鲜感的事物相比较，统计数字会给人们留下更深刻的印象。

我认识一位公司的主管，他认为纽约人是非常懒惰的，懒惰的甚至听到了电话铃声，也磨磨蹭蹭不想去接，这极大地降低工作效率。他之所以下这样的结论是依据一组统计数据：

> 差不多所有打出的电话都是在铃声响过一分钟之后才有人接，如果照这个数字估算，整个纽约一天之中大约有28万分钟被浪费掉了。如此半年下来，在迟接电话上所浪费的时间，就跟哥伦布发现美洲之后的时间几乎同样长了。

数据本身是很难给人留下深刻印象的，一定要用实例来做辅助性的说明，才有效果。有条件的话，最好还是要借用实例。我曾参观过一个水力发电站，发电站所占的面积很大，导游本来可以直接告诉我发电站的占地面积，但他没有这么做，而是用了一种更具形象化的方法介绍发电站的面积。他说，这里能够容纳一万人在观看球赛，除此之外，空出的地方还可以建几个网球场。

多年前，设在纽约的演说训练班里有位学员，他在演说中提到，某年纽约曾发生过一场大火，火灾烧毁了许多房屋，但他并没有将被毁房屋的数目讲出来，而是打个人比方，说把这些烧毁的房屋一间挨着一间连起来，能够从纽约一直排到芝加哥。他还说，若是每隔250米放一具死亡者尸体，就能从芝加哥一直放到布鲁克林了。

隔了这么多年，他所列举的其他情形我早已遗忘，可是这些深入骨髓的事件，特别是那一路扑向伊利诺伊州库克县的大火还历历在目。

建议2：引用专家的结论

将权威专家的结论引用过来支持自己的演说主题，也会具有很强的说服力，但在使用前，请您回答如下问题：

打算引用的专家结论正确与否？

你要引用其论述的专家具不具备领域里的权威性？比方说，你本来是在探讨与经济学有关的问题，但去引用约翰·路易的话，那么明显你是只图其名，而并未认真考虑合适与否。

"你要引用其论述的专家在听众之中是不是有影响力的，并有不错的名声？"

"这个专家的论点是来源于真实资料，还是出于自己的成见？"

多年以前，在布鲁克林商会的训练课上，有位学员在谈到专业化的重要程度时，果断地引用了安德鲁·卡内基的话。这有说服力吗？有的，而且引用的话经典且恰当，因为他所引述的人不但具有谈论成功学的资格，而且本人也深受人们的尊敬、认可。

下面这段这曾经被多次引用的文字，直到今天，它依然值得我们反复温习：

> 我认为行行出精英，重要的是你要在你所属的行业里能做到出类拔萃，才是成为精英的唯一途径。但我不赞同全面出击的策略，就我个人的经验来看，很少有人能在多个领域都获得成功。就算真的有，也绝不可能是他一个人的功劳，特别是在制造业领域，我更加确定不会有这种人。有的都只是那些专心致志地工作的人。

建议3：运用类比

关于"类比"一词的各种解释大同小异，即："两件事物间相类似的关系，并不是指存在于事物自身的相似，而是两种或者更多的状况、性质或者功效的相类似。"

对成功的演说而言，使用类比的方法来表现论点不失为一个好方法。下面这段话摘自《需要更强的能量》一书，演说者是当时的内政部助理秘书吉拉德·戴维逊先生。请留意他是怎样运用类比来支撑自己的观点的：

> 繁荣的经济浪潮需要不断地向前推进，一旦停滞下来就会出现倒退，就好像不再继续飞行的飞机最终会变为一堆破

铜烂铁。而一旦飞机在天空飞翔，速度就是惊人的，发挥着它无可代替的作用。飞机若不想坠落，就必须不断地前行，不然便不能在空中保持平稳。

这里我还要说一下，它可能是我见过的演说史上最精妙的类比了。在艰难的南北战争期间，林肯用这个类比来回答攻击他的政敌：

　　各位先生，现在我请诸位来设想一种情形：把你所拥有的全部财产都变换成金子，然后把它交给著名的走钢索表演大师伯罗勒手里，让他踩着绳索把你们的黄金带到尼亚加拉瀑布那边去。

　　当他正走在钢索上时，你会不会使劲摇晃绳索，或者大声喊叫催促他：伯罗勒，再俯低些！快点走！我相信你肯定不会这么做。反之，你会屏住呼吸，不敢发出一点声响，直到他安全地走到目的地。如今，政府所处的境况就是这样。它现在正肩负着巨大的压力，在横渡波涛汹涌的海洋，而它手中正握着国家的未来。它正不顾一切地工作。你还要打扰它吗？只要闭上嘴，它就可以带着财宝安全到达彼岸。

建议4：运用演示

有一家钢铁锅炉公司的主管要向他的代理商讲解锅炉添燃料的方法，如何能形象地说明白燃料应该从火炉底部添加，而不是

顶部呢？他想到了下面的方法。他先点燃了一支蜡烛，接着向他
的代理商说：

请看这根蜡烛燃烧得多么热烈！但尽管我们所看到的火
焰是在上面，而助它燃烧的却是下面的燃料，事实上燃料都
被转化成热量，因此火焰也并没有冒烟。蜡烛的燃料出自火
焰下方，就好像钢铁锅炉的燃料是从火炉底部添加的。

如果这支蜡烛从上方提供燃料，情况会是什么样呢？
（讲到这儿，演说者便将蜡烛上下颠倒过来。）

请看这时火焰燃烧的情况是：我们先是闻到了这刺鼻的
味道，然后听到的是它哔哔剥剥的声响。再瞧这火焰，因为
它得不到充分的燃烧，变得奄奄一息。直至最后，因为从上
方来的燃料不充足，火焰只有熄灭的份儿。

几年前，亨利·罗宾逊曾经为《你的生活》杂志撰写了一篇
题为《律师怎样才能赢官司》的文章。文中叙述的是一家保险公
司一位名叫亚伯·胡莫的律师，一次，胡莫在法庭上与波士特先
生进行一场关于伤害的辩论时，就非常恰当地使用了具有戏剧性
的演示证据。过程是这样的：

波士特在法庭上说，在电梯通道上他被人撞倒，导致
肩膀筋骨严重受损，直到现在右臂仍不能抬起。对波士特的
伤势情况，胡莫显得很关心，他请波士特向陪审团演示一下

现在受伤的手臂能抬多高。于是波士特显出一幅很艰难的样子，才把手臂抬到齐耳的高度。接下来，胡莫又请波士特再演示一下受伤以前手臂能抬多高！

"这么高。"原告说着立刻伸直了手臂，举过了头顶。对原告波士特先生的这番演示，陪审团目睹了全过程，结果不说大家就都知道了。

在有些以说服听众采取行动为目的的长篇演说中，一般需要强调三至四个要点才能完成目标。如果只是向听众生硬地讲述你的论点，会让你的演说听起来十分无趣，那么有什么办法让这些论点变得有趣起来呢？

采用那些能支持你的论点的材料，会让你的演说变得生动有趣。比如，实例、类比和演示，都会将你的主要观点清楚地呈现在听众面前。另外，统计数据和证词，也都能强有力地阐明事实，并且强化关键论点在听众心中的影响。

要有个精彩的结尾

有一次，我对知名的作家、人道主义者乔治·约翰逊进行采访。他当时的职务是恩迪克特—约翰逊公司的总裁。

闲聊中，他流露出的宽广的知识面让我十分钦佩，而更令我惊讶的是，他当着我的面表现出来的精湛的演说艺术。他可以让听他讲话的人开怀大笑，也可以让听他讲话的人伤感流泪。

另有一点让人颇感意外的是，身为一家大公司的总裁，他却没有专门的办公室。多数情况下，他是在一个大而杂乱的工厂的一个角落办公，他表现出的说话态度也像老式木质的桌子那般厚道。

一看到我，他立刻起身表示欢迎，同时说道："赶得早不如赶得巧，我刚学会如何为自己的演讲结尾。我决定今天在给员工们开会的时候就付诸实践，我已经整理好了记录。"

我问他："你经常在演说前从头到尾都规划好吗？""不，我从来都不做这样的规划，"他说，"我多数只是确定总的想法和演说结尾的方式而已。"

他不是一个专职演说者，演说中缺乏必要的、较为专业的术语，也没有精彩超群、夺人眼球的表达艺术。他的成功完全靠丰富的经验，以及自己摸索出来的一些窍门。

他清楚，用一个完美的方式结尾是成功演说的基础。他能够认识到充分做好准备工作，并善于采用特定方式会让听众的印象更为深刻，这也是达到演说目的的关键。结束语确实是一篇演说中压轴戏的部分。一个人最后所说的话，通常就是他整个演说的精髓，会在听众的脑海中留下最深的记忆。不同于整篇演说中其他情节，结束语往往是听众记得最久的部分。

与约翰逊不同，许多的演说初学者，并不清楚演说的结束语究竟有多重要，所以，这些人常常忽视他们的结束语。

初学演说者在结束语上常犯的错误有哪些呢？让我们来探究一些改进的方法。看一个实例：

"对这个话题，我想说的都已经说完了，我想，演说该结束了。"一般，演讲结束时人们都会习惯说声"谢谢大家"，以表达感谢。但这种话是演说者智穷才尽的一种表现，并非一个结束语。这是业余演说者由于无能为力而表现出的拙劣技法。要记住，从开始学习演说起，就不要犯这类错误。假如以这种方式结束演说，那你还不如什么都不说，直接坐回原位。这样的话，至少在你结束后，听众们会感觉到有些言犹未尽的意味，并且演说结束与否，有经验的听众也会从你的行动中判断出来。

其次，有些演说者在陈述完演讲词后，却不知道该如何结束演说。我觉得，存在这种烦恼的演说者有必要请教一下乔希·比利斯先生。他说："如果你要试图抓住一头强壮的公牛，就不要去抓公牛的角，而要先抓住它的尾巴，这样你就可以轻易驾驭公牛了。"

同样，演讲者驾驭自己的演说，也像是驭手要驾驭公牛一样，欠缺一个好的演说结尾，却希望让你的演说完美无憾，这很难做到。相反，这种处理方法会使整个演说缺少感染力，给听众留下不好的印象。那么，要如何才能让你的演说结尾变得完美一些呢？要提前规划或准备好一个演说的结束语。但当你面对听众时，你要做的就是聚精会神地思考你正说着的话题，这个时候不要去考虑结束语的事情。常识和经验告诉我们：一个完美的结束语应该是在演说之前，在内心平静、情绪稳定的时候完成的事。

那么怎样让结束语产生具有压轴戏般的效果呢？这里给大家提供几个建议：

建议1：总结性的结束语

一场长篇演说往往要涵盖不同的内容，演说结束以后，听众一般对演说者所讲的内容也很难做到全盘把握。许多演说者并没完全了解这一点。他们也习惯做这样的假设：认为自己演说中的观点是明确清晰的，听众跟自己一样清楚。

但事实并不是这样！一个演说者尽管用了很长时间来提炼自己的观点，最后归纳出演说的主题，而对听众来讲，这一观点是陌生的，他们在听讲的过程中，需要不断思考、接收才能加深理解，就像演说者向自己扫射了一串子弹，在短时间里他们不能马上理顺思路。虽然对主要思路有印象，也能理解其中的某些观点，但有些观点，接受起来也是有难度的。

莎士比亚曾说过，听众可以很轻松地记住演说里讲的一大堆东西，但大多是没有条理的，即，你不一定会理顺出其中的要意，一个不知名的爱尔兰政治家针对这一情况开出一个良方，这个良方是：演说者在演说中要向听众表明自己想要讲的东西。这些政治家极力推崇最后一点：你一定要为他们重新复述你的主要论点。

下面，我们引用芝加哥铁路部门的一位主管所做的一段演讲的结尾来说明：

> 总而言之，先生们！我刚才所讲的是有关集成设备的一些个人看法。我的这些观点和经验在其他不少部门已经得

到认可，包括我们设在北部、东部和西部分公司都已开始采纳这些观点。声控操作原则依赖于操作过程，而我最关心的是，如何节省旧车维护费用，这也是我想将这套操作设备运用于我们南部分公司的主要原因。

你看，他在结束语中是这样强调听众想知道的内容的。你很明白他说了什么，也能清晰地记住，除了这些之外他讲的其他内容。他只用寥寥的几句话就总结了他的演说，话虽然不多，却归纳了所有的内容。

你是不是也觉得这种总结性的结束语很有效啊？要是你同意的话，那就在演说中将其付诸实践吧。

建议2：呼吁采取行动

在演说的后段，利用中肯而诚挚的话语来提议听众采取某种行动，也是一种很好的结束语。上面的例子中，演说者希望听众如何做呢？就是让南部分公司尽早安装使用集成设备。能用来支持论点的依据就是可以节省开支，以及可以节省维护旧车的费用。

最后演说者的目的达到了。其实，上面所举的例子是一个真实的例证。这个演说在铁路委员会进行的，它最终的目的是确保集成设备的安装。应该说演说结束前的几分钟，就是发出"命令"，并让听众采取行动的最佳时机。因此，你如果想下达命令的话，就抓住这一时机吧！呼吁你的听众去贡献、去参与、去传递、去投票、去抵制、去购买、去做你想要他们去做的所有事。但至于你究竟要呼吁什么，一定要目标明确。

劝说和呼吁听众去做些实在的事情。不要说诸如"为红十字会提供帮助"之类模糊的语言，而应该开宗明义："今天需要你们每个人为美国红十字会交纳1美元的注册费用。"

另外，演说者要求听众在一定范围内做出相应的反响。你也不适合做出这样的表态来：比如说你在演说中提倡"我们来投票反对酗酒者"，就不如在你的演说中劝说听众们都去参与戒酒组织，或者去帮助那些禁止酗酒的组织。

如果你的呼吁比较巧妙，听众听过你的提议之后，会认为只要肯去实施，就可以轻松在达到目的。你不能这样讲："我们来给国会写信，抵制这项议案。"对于这样的提议多数的听众是不会接受的。他们对什么议案并不真的在乎。

目标的实现若是太烦琐且不确定，那么他们是不会在意议案的。你要提倡的议题，应该是听众很容易实现的，并且干起来很开心。如何去做呢？试着给国会议员写一封信，上面写上："假如此议案被通过，我们能够理解，可我们但愿可以将第74321号议案否决。"你还可以把这封信在听众中进行传阅，并号召他们签名，这么做你才会获得很多的支持。

将技巧付诸实践

在第14期培训班上，认真学习的都是一些非常活跃的学员，我常常听见他们讲，自己是怎样在日常生活中运用在学习班上所学到的演说艺术的。他们发现使用这些演说艺术，对自己所从事的职业的帮助是非常大的。推销员表示他们的销售量得到了大大的提高，经理们说他们的管理工作变得轻松且高效了，主管们则表明他们的管理水平得到了大步的跃升。这所有的一切，都归功于他们在决策和解决问题时，已经非常擅长驾驭自己的语言了。

罗克·拉朋在他的《今日演讲》里写道："在现代，交谈，以及交谈的姿势、交谈的氛围、复述的次数等已构成工业沟通系统活力的源头。"

康·德莱特担任通用汽车公司我所设置的教程的教学工作，他曾在一篇论文中写道："我们非常愉快地负责通用汽车公司的演讲培训工作，这是因为我们意识到，每个监管人员一定要具有教员的素质，否则不能胜任工作。因为从面试一个职员开始，经过初期的训练，到正式的分配工作甚至是升迁，整个过程之中，监管人员需要一直跟自己部门内的每一个人不停地交流和探讨，不停地讲解、说明、申述、建议、指示。"

至此，我们可能会再一次地感受到了，本书所介绍的演说技巧对平日里我们与人的交流起着多么大的作用。面对公众的成功演说的法则，可以直接运用于任何会议场合，这将非常有利于你对会议的把握。选择合适的表达方式、合乎逻辑思路和情节、真诚地情感融入，都是确保你完美表达演说主旨的要素。所有这些要素，都曾经在本书里详细地讨论过，现在需要做的就是在各种会议上付诸实践。或许你还在迟疑，应在什么时候将书中学习的演讲技巧开始付诸实践呢？如果你还不清楚这个问题的答案，让我用一句话来告诉你：立刻。

对此你可能会说，我也没打算或没有机会进行公开演说啊！那么，你也不必为此而感到烦恼，书中所谈到的原则和技巧完全可以运用于你的日常生活之中。如果你对日常生活稍加留意的话，你会惊讶地发现，自己在平日里说话同本书中探讨的在正规场合的沟通，目的竟十分相似。

在本书中，我们曾提到，演说时要确立目标。也就是说，你在演说中到底是要向听众发出通告，还是想带给听众愉悦的心情，或是让听众认可你的看法，说服他们行动起来。

在面对公众演说时，必须要让目标绝对地清晰明确，不管是在演说的内容或者态度上，都要如此。如果是在平日的与人交谈中，你要表达的目的可能经常会表现得游移不定、相互渗透。有时候，或许我们正在和朋友谈天说地，突然会想起了某则产品广告，于是便向对方竭力地推广了起来，或者劝孩子将零花钱存在银行。

在日常交流中，应用本书中介绍的技巧，会易于阐述你自己的看法，并极具寓教于乐意味地达到成功号召别人的潜意识，最终实现自己的目的。

在日常谈话中运用

现在，我想从讲过的技巧中提出一点来加以说明。之前我曾提议，你在演说中添加一些细节，目的是为了让你的想法能在听众面前表现的生动形象。当时我主要是教你们怎样在大庭广众之下演说，其实，细节在平日与个人交谈中也同样重要，那些真正风趣幽默的语言大师，他们也十分善于使用图画语言！这使得他们的很多演讲变得绚丽多彩！

在训练自己的说话技巧之前，先要有信心。本书在前面章节里所讲述的内容做起来都是行之有效的，它们可以带给你安全感，让你有勇气同别人相处，并且，即使是在非正式的社交场合中表达自己的想法也绝不怯场。一旦你乐于阐明自己的观点，你就会对周围的一切都产生兴趣，并不断地自己总结经验，把它们拿来当作演说的材料。

多数家庭主妇们感兴趣的话题，通常只是局限在自己生活的小天地内，但在她们中也有人反映，自从她们在朋友圈里运用了我们所提供的沟通技巧后，也都变得愿意向外人说起自己的新体会："我觉得自己现在已拥有了更大的自信，如果有机会的话，我也有胆量在社交集会时站起来发表言论了。"

一位名叫哈特的女士在演说培训班里对大家说，"我开始对政治感兴趣了。在那些正式谈话的聚会上，我再也不像以前那样感到害怕。我反而会满怀热情地去参加聚会，我过去的一切经历都变成了谈话的材料。我发现自己不知不觉地对许多新的活动产生了兴趣。"

而时事、政治及教育则已经是现在的哈特女士常挂在嘴边上的话题。"学习"和"应用所学"的动力一旦被激发，接下来便是一连串的行动。十分活泼地展现出自己的个性，你长期以来一直所期望的，那种属于你自己的生活至此会一直持续下去。就像哈特女士所说的，只要把本书中的一切原则付之于实践，就能够看到在实践中产生的惊人效果。

在我们之中，没有几个人是某个专业的老师，但是我们每天都会像老师那样要用许多时间来与别人交流。比方说，要教育孩子，如何为邻居讲解修剪蔷薇的新方法，如何同其他游客交换选择最佳旅游路线等。

这所有的场合都需要交流、需要说话，而且需要清晰的思维、顺畅的思考、强有力的表达技巧。在本书中提到的通告式的演说技巧，就是为这些场合的演说而量身打造的例子。

在工作中运用

与人交流的技巧如何也会极大地影响我们的工作，下面，我们就针对这一点来讨论一下。推销员、店员、经理、团队领袖、部门主管、教师、护士、牧师、律师、医生、会计师或者工程师，都有各自的职责范围，需要为相关人员阐释专业领域内的知识，并与其沟通，或者对其进行职业性的指导。

可当你为对方进行解释的时候，是否能用明确清晰的语言解释清楚呢？这一能力也往往是上司考察下级素质的标准。从事解释性的演说训练，有助于我们掌握缜密思考与灵活表达的技巧，这一技巧却绝不仅仅局限于正规的演说，它也可以被我们日常运用。

明晰的语言、缜密的逻辑关系和强有力的表达，是我们日常成功地与交流应表现出的显著特点。不管你是在平日里与人交谈还是在公开演说中，只要你能够深刻领会并掌握本书介绍的技巧，就一定会让你在家庭、教会、社会活动、公司和政府部门中有不俗的表现。

主动寻找当众演说的机会

在日常生活中，运用本书所介绍的关于语言运用的技巧和原则，将会得到意外的收获。但你还需要寻找和利用哪些能够当众讲话的机会才能达到目的呢？我建议你可以去参与一些聚会，或者去大众俱乐部，不要仅仅只是做一个会员或者观众。你要发挥自己所具有的潜力，去帮助处理委员会的一些工作，大部分的工作都是需要与人沟通的。你还可以去尝试做节目主持人，这将使你获得访问社区里的优秀演说家的机会，而你当然也就需要担负起发表介绍词的职责。这些都能为你提供机会。

刚开始的时候，可以先利用20至30分钟的时间，以本书所介绍的方法为指导做一下演说练习，这样会让组织或俱乐部里的人知道你在打算作演说。募集基金的组织会寻找志愿者为它们宣传，它们会为你提供演说的机会，这对提升你的演讲技能有非常大的帮助。很多知名演说家都是以这样的方式开始迈出第一步的，这当中还不乏一些名人，比如：山姆·卢文森是一位电台和电视双栖明星，还是深受国人欢迎的演说家。

他以前是纽约一所中学的教师，重点关注家庭、亲属、学生，同时也关心工作之中不同寻常的人与事，并进行简要的谈话。这些谈话在听众那里引起了强烈的反响，于是有很多团体都邀请他去做演说。尽管这些演说严重影响了他的教学工作，但是他已成为很多电台节目中的特别嘉宾了。一年之后，他辞去教师工作，彻底进入娱乐界。

不要半途而废

学习诸如法语、打高尔夫球，或公众演说这种有一定技巧要求的新事物，不可能一蹴而就，只能是波浪式的进步，经过一段高峰之后会忽然不动了，甚至会失去原来已取得的成就而下滑。

这一停步或者倒退的现象，心理学家称之为"学习曲线里的高原地带"。最初学习演说的学员，有时也会在自己达到的新高度上停留十天半个月，甚至几个月的时间。接下来，无论怎样拼搏，仍旧不能继续前进。那些意志薄弱的人便会因此而退出，有勇气的人会继续坚持。挺过了这一阶段后，他们会忽然发现，自己已经进入一个新的阶段，演说的天地竟然如此的广阔。

在此时，或许你会像本书中有关章节所讲的那样，最初面对听众时，会产生恐慌、紧张的神情，其实这是一种正常的心理反应，即使是有过无数次公开表演的大音乐家，也会有同样的表现，就是举世闻名的大钢琴家帕德列夫斯基，当他刚坐在钢琴旁时，还紧张地不时地捋着衣袖呢。但是等到他一开始演奏，他全部的紧张就仿佛烈日下的乌云，消失得无影无踪。这位大钢琴家的经历也可作为你们在经历同样情况时的对照。只要你们能够信心满满，我相信，你们的所有顾虑很快也会消失殆尽。

曾有一位年轻人也想当一位律师，却又不知道怎样开始，便写信向林肯求教。林肯给其回信说："如果你已下定决心想成为一名律师，那你此时就已经有一只脚迈入了成功的大门。因为相信自己一定会成功，比任何其他的东西都更重要。"

林肯十分清楚自信心对实现理想的重要程度，因为他就是这样一步步走过来的。他在一生中所接受的正规教育总共不到一年。但是他却从来都没有停止过阅读和学习。他经常徒步几十里去借书。他时常会在小木屋中，借着烧柴的火光来读书，他会在火光下一读就是一整晚。小木屋的木头之间有缝隙，林肯常常把未看完的书塞到那些缝隙里，天亮了拿出来接着读。

林肯经常会走上二三十里路去听演说，回来后，他就借助各种场合练习，在没人的地方、在树林里、在商店聚拢的人群前面，这都是他常去练习演说的地方。他还参加春田文学与辩论协会，练习人们经常演说的题目。

　　面对女性演说时，林肯会十分地害羞，在追求玛丽时，他总是默默地坐在走廊上，聆听她一个人讲话。经过不断地刻苦磨炼，他最终将自己锻炼成为一名卓越的演说家，进而可以与当时最著名的辩论家道格拉斯参议员进行竞选辩论，决一雄雌。此后林肯在葛底斯堡，接着又在第二次总统任职仪式上进行了空前绝后的演说。这些演说都堪称是演说史上的瑰宝。

　　当西奥多·罗斯福总统入主白宫后，每当遇到一些牵扯利害关系的事，尤其是一些棘手而难以应付的事情需要决定时，他总是习惯先对着白宫总统办公室墙壁上悬挂的林肯肖像进行沉思：如果换作他，该怎么去做。这听来也许很荒诞，但的确是事实。

　　假如你意志消沉、情绪沮丧，试图放弃成为一名杰出的演说者的努力了，何不效仿一下罗斯福总统，问问"林肯会如何处理"。你是十分清楚，林肯是无论如何都不会半途而废的。在竞选参议院席位时，林肯曾被道格拉斯打败，但他不但提醒自己也教导他的拥戴者："不要轻言放弃，就算已经失败了一百次。"

获取成功以自勉

　　希望你们每一位读者都能听取我的建议，每日早晨都读一下这本书，直至你记住了威廉·詹姆士教授的这番话：

　　　　希望年轻人不要计较自己受到多少教育，不管学历有多低，只要你在每天的工作时间里，每个小时都能踏踏实实地工作，什么样的问题都自然会得到解决。你可以自信地期待着，当某个美好的清晨你再睁开眼时，会发现自己已经是当代的杰出人才之一。

请相信我说的话，只要你始终能坚定信心，有针对性地练习，用不了多长的时间，或者就是在一个美好的早晨来临时，你就会发现自己已经成为这个城市或者社区中杰出的演说家了。

无论这话听起来有多么的不靠谱，但却是条真理。当然也有例外，假如你过分自卑，脑袋里也从不装任何谈资，当然你也就不用期望着有一天一觉醒来，自己就会变成今天的丹尼尔·韦伯。但就常理来说，这个断言绝对正确。下面我举个例子，大家可以看看。

一次，新泽西州前任州长斯多克出席我们的结业晚宴。在晚宴上他评价说："今天在这里我非常荣幸地欣赏到了这么高质量的演说，学员的演说水准之高就如同我在华盛顿的参议院、众议院所听见的演说。"可这些演说者几个月之前还是一些舌头僵硬，一站起来面对众人就说不出话的人。注意，他们只是来自新泽西的商人，他们是在美国随处可见的商人。但他们却在一个美好的清晨来临时，发现自己已经是市里的大演说家队伍中的一员了，甚至在全国来说都是比较优秀的了！

我熟悉他们之中大多数的人，他们都曾竭尽全力，鼓足勇气，其目的只是求得敢于在众人面前说话。在那些获得成功的人之中，只有极小部分是具有天赋的人，而大多数人是在各个城市里随处可见的普通人，但是他们做事情始终如一。倒是那些天资聪颖的人，或是自以为是，或是一遇挫折就气馁，最后都是一事无成。

这是符合人性和自然规律的。也是在我们的生活中经常可以看到的，老约翰·洛克菲勒在谈及他的成功秘诀时说：所谓的成功秘诀就是"忍耐并坚信成功时刻会到来"。这也适用于成功演说的培训过程。

前年夏天，我从奥地利境内的阿尔卑斯山区起程，前往征服一座被称为凯瑟的山峰。去之前我阅读了《贝德克旅行指南》，里面介绍说，业余登山者攀登凯瑟峰十分危险，最好是雇用当地向导。我和我的朋友却都是指南中所提到的业余爱好者，可我们并没有雇用专业向导。因此，他们多数人都怀疑我们毫无成功的希望。

"我们一定能行。"我和朋友却在心里都做了这样肯定的回答。"为什么会如此自信呢？"有个人问道，"没有不雇用向导而成功的先例啊！"我告诉他："我知道成功并非妄想，我做任何事情，从来不去想失败了会如何。"

为此，我们无论做什么事情，都要有这种必定能获得成功的信念，不管是演说还是登山，都应该这样。你最初的想法在很大程度上影响着你成功的可能性。如果演说前你真的很胆怯，那你就设想自己正在很自然地同别人说话，这对于你来说十分简单。有了必胜的心态，我们就向成功又靠近了一大步。

南北战争期间，海军上将都庞当着法拉格上将的面举出了一大堆的理由，来解释自己带领战舰驶入查尔斯港为什么会失败。

法拉格上将听完他所陈述的种种借口后说："还有一个原因你漏掉了，没有提及。""什么原因？"都庞上将问。法拉格上将给出的答案是："你怀疑自己是否会成功。"

如果总结一下我们班上接受培训的学员的收获，无疑收获最大的就是自信——确信自己的能力，确信自己能够成功。在我们的奋斗历程里，对于我们还有什么比坚持自信心更重要的呢？

爱默生这么写道："没有热诚，就没有资格谈伟大！"这不是文学上的一句空谈，而是通向成功的路标。

威廉·莱昂·费尔普斯是耶鲁大学建校以来最受尊敬的一位教授。他在其所著《教书热》里自叙道："对我来说，我对教书的趣味确实要高于艺术或其他行业。我热爱教学甚至达到癫狂的程度，就如同画家爱好作画，歌手爱好唱歌，诗人爱好写作。当清晨起床时，我总会兴致盎然地想起我的学生们。"

教师对自己的天职充满热爱，对面前的劳作心甘情愿，那他就一定会成为一个令人尊重的人。费尔普斯教授之所以会对从事的教育倾注了那么大的爱，主要的原因也是他将真实的热情和爱投入到了传道、答疑、解惑之中了。假如初学演说的学员也能将这种狂热投入到演说的训练中去，你会发现什么障碍，什么困难都统统不在了。

这是一个挑战，需要你坚定信心集中全部精力和努力，朝着自己确定的目标努力。此时你如果能重拾自信，淡定从容地去面对，想着如何能吸引听众和自己产生共鸣力，震撼他们的感情使其采取行动，如果这些努力你都实现了，你会发现你在其他方面的能力也得到了提高，因为生活的许多方面都离不开较强的演说能力。

我在每一个教授卡耐基教程的教师的教学手册的首页上，写了这样一段话：

> 当学员们发现自己已经能够掌控演说现场的氛围，赢取教师的赞扬，及同学们羡慕的掌声时，他们已经真正地培养起了自信心，培育了胆识和镇定。对他们而言，这是崭新的体验。今后，他们不再把当众讲话视为噩梦。他们渴求活跃于商业和各行各业以及社区活动，最终变成其中的领袖。

你们可能也会注意到，在这本书里，多次提到"领导才能"这个概念。在现代社会中，准确、有力、满怀激情地表达自己的立场和意志是拥有"领导才能"的三项基本素质。其中，满怀激情地表达这一点，不管是在哪一种场合，都是具有领导才能的人最主要的特征。恰当地运用本书所提供的演讲技巧，不管是在家庭聚会、教会团体，还是在公共部门、公司或政府，都将会毫无悬念地帮助你获得成功。